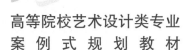

高等院校艺术设计类专业
案例式规划教材

环境绿化设计

■ 主 编 白 颖 胡晓宇 袁新生
■ 副主编 曲旭东 彭金奇

U0334193

ART DESIGN

华中科技大学出版社
http://www.hustp.com
中国·武汉

内 容 提 要

本书以图文并茂的形式全面讲述了环境绿化设计在生活中的应用与体现，展现出绿化设计在环境空间的各个领域的成就。本书涵盖绿化设计基础、绿化设计基本方法、常见绿化植物、室内绿化设计、户外环境绿化设计、立体绿化设计、绿化设计材料应用等内容，将理论知识与实践相结合，系统介绍了环境绿化设计的基础理论知识，并通过对国内外先进的城市绿化实例进行剖析，展现出环境绿化设计在生活中的应用。本书既可作为环境艺术设计、园林景观设计专业的教材，也可作为园林绿化行业人员的参考用书。

图书在版编目 (CIP) 数据

环境绿化设计 / 白颖，胡晓宇，袁新生主编 .—武汉：华中科技大学出版社，2018.5

高等院校艺术设计类专业案例式规划教材

ISBN 978-7-5680-2973-5

Ⅰ.①环…　Ⅱ.①白…　②胡…　③袁…　Ⅲ.①环境设计－绿化－高等学校－教材　Ⅳ.① TU－856

中国版本图书馆CIP数据核字(2017)第128155号

环境绿化设计

Huanjing Lühua Sheji

白　颖　胡晓宇　袁新生　主编

策划编辑：金　紫
责任编辑：陈　骏　李　曼
封面设计：原色设计
责任校对：张会军
责任监印：朱　玢
出版发行：华中科技大学出版社（中国·武汉）　　电话：（027）81321913
　　　　　武汉市东湖新技术开发区华工科技园　　邮编：430223
录　　排：华中科技大学惠友文印中心
印　　刷：湖北新华印务有限公司
开　　本：880mm×1194mm　1/16
印　　张：11
字　　数：247千字
版　　次：2018年5月第1版第1次印刷
定　　价：68.00元

前言
Preface

　　随着现代化进程的加快，人们生活水平得到了极大的提高，随之对生活环境有了更高的要求。国家经济的快速发展推动了城市基础设施建设的逐步完善，但无节制的生产活动和建设活动产生了大量的环境污染物，自然生态环境日益遭到破坏，因此，改善人类的生活环境刻不容缓。

　　近几年，全球气候变暖，保护地球环境的呼声不断高涨，人们对地球环境的关注度不断上升，同时对生活环境有了更加深刻的认识。众所周知，阳光、空气和绿化是城镇居民生活不可或缺的三大因素，其中绿化对城市的气温、湿度、环境的调节以及市容市貌有着极大的影响，合理、有效的绿化设计可以改善城市环境，美化城市街道，减少城市空间浪费。

　　绿化设计是环境艺术的重要组成部分，一个成功的绿化设计可以为城市环境带来无限生机与活力，甚至成为一个城市的标志。中国十大风景名胜之一的苏州园林享有"江南园林甲天下，苏州园林甲江南"的美誉，还被誉为"咫尺之内再造乾坤"。苏州园林是中华园林文化的骄傲，是中国园林的杰出代表。在设计上，苏州园林在有限的空间里通过叠山理水，栽花植木，配置园林建筑，并用大量的匾额、楹联、书画、雕刻、碑石、家具陈设和各式摆件等来反映古代哲学理念、文化意识与审美情趣，从而形成充满诗情画意的文人写意山水园林，使人"不出城郭而获山水之怡，身居闹市而得林泉之趣"，达到"虽由人作，宛若天开"

II

×

的艺术境地。

目前，城市环境绿化设计已经成为城市设计的一种必然趋势。由于受到现代思潮的影响，城市环境呈现出人文特征。本书从设计手法的角度讲述了植物在空间设计中的表现及作用，通过分析空间环境绿化的功能分区布局、造景设计、植物的配置与色彩搭配等，突出了城市环境绿化的设计美感。

本书由白颖、胡晓宇、袁新生担任主编，曲旭东、彭金奇担任副主编。本书在编写中得到以下同事的支持：陈祖蕃、欧阳逸斐、孙月、姚欢、杨思彤、杨清、王江泽、王欣、刘星、万阳、张慧娟、彭尚刚、戴陈成、张颢、万丹、王光宝、朱妃娟、黄溜、张达、童蒙、董道正、汤留泉、鲍莹、安诗诗、雷叶舟、李星雨。在此一并表示感谢。

编　者

2018 年 3 月

目录
Contents

第一章
绿化设计基础

学习难度：★ ☆ ☆ ☆ ☆

重点概念：环境现状、环境绿化概念、绿化设计

章节导读

　　自然环境是人类赖以生存、繁衍的物质基础，保护和改善自然环境是人类维护自身生存和发展的前提条件。绿化设计给人类提供了一个多层次、多方位的生存空间和自然生态、文化生态平衡的环境空间。气候宜人、快捷方便的生活空间已成为时代的诉求（图 1-1）。

图 1-1　自然环境

第一节
环境绿化设计

20 世纪以来，科学技术的发展给人类的生活方式带来了前所未有的改变，同时也给人类赖以生存的生活环境带来了巨大的破坏。随着人类环境意识逐渐增强，人们开始重新审视日趋恶化的生活环境，并意识到保护环境的重要性。环境绿化使改善人居环境成为可能，解决了社会发展与生态环境之间的矛盾，更好地满足了人们的精神文明需求。环境绿化设计提高了人类的生活环境质量，保持了生态环境的平衡，因此在社会发展史上，环境绿化设计占有举足轻重的地位。

联合国教科文组织曾提出各国首都环境绿化的标准：城市绿化面积达到平均每人 60 m^2 为最佳居住环境。很多国家十分重视环境绿化，如英国在新城市和居住区建设中提出"生活要接近自然环境"的理念。

一、生存环境现状

无节制的城市建设与发展，破坏了生态环境的基本平衡。全球气候变暖将对全球各地产生不同程度的影响，逐渐升高的温度使极地冰川不断融化，甚至将淹没一些海岸地区。全球变暖也会影响降雨和大气环流，使气候反常，造成旱涝灾害。这些都会导致生态系统遭到破坏，对人类生活产生一系列重大影响。

1. 全球气候变暖

全球气候变暖与自然环境有关。温室效应的不断积累导致地气系统吸收与发射的能量不平衡，能量不断在地气系统累积，从而导致温度上升，造成全球气候变暖。全球气候变暖会造成全球降水量重新分配、冰川和冻土消融、海平面上升等后果，不仅危害自然生态系统的平衡，还威胁人类的生存（图 1-2）。

2. 臭氧层空洞

人类排放的氟氯烃等制冷剂破坏了臭氧层，使臭氧层吸收紫外线的能力降低。紫外线过度辐射对人体的健康不利，会导致皮肤癌、白内障发病率的增加（图 1-3）。

3. 酸雨的危害

硫氧化物与氮氧化物等酸性气体的大量排放形成了酸雨，导致森林被毁坏、湖

图 1-2　浮冰上的北极熊

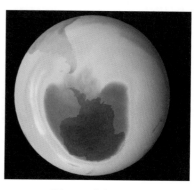

图 1-3　臭氧层空洞

图1-4　森林被毁坏

图1-5　建筑物被腐蚀

图1-6　湖水酸化

水和土壤酸化、建筑物被腐蚀。湖水和土壤的酸化会导致农作物减产并且危害人体健康 (图 1-4 ~ 图 1-6)。

二、城市绿化

城市绿化与生态环境规划是在维持城市生态平衡的基础上，利用风景园林和各类植物的功能及其产生的景观效果，为美化城市环境、改善城市生活所做的合理安排。城市绿化以一定的绿化生物量为基础，利用人为手段与方法，发展和扩大城市生物总量，开拓室内外绿化空间，保护大自然的水、土、山、石，因地制宜，利用建筑物、桥体等一切可以利用的载体，进行垂直、立体、屋顶绿化的设计 (图 1-7)。

城市绿化是以栽种植物来改善城市环境的活动。城市生态系统在受到外来干扰与破坏时，具有恢复原状的能力，即还原功能。城市生态环境具有这种功能的主要原因是城市中绿化生态环境的作用。研究城市绿化生态环境的目的就是要充分利用城市绿化生态环境的这种作用，使城市生态系统具有还原功能，以此改善城市居民的生活环境质量。

图1-7　城市绿化

图 1-8　街区绿化设计

城市绿化设计向人们呈现出一种视觉美感。现阶段城市景观主要分两部分，即物质性与非物质性。城市景观建设中的物质性主要体现在城市的景观节点、景观轴及其所形成的区域。而非物质文化景观则以人文景观的形式体现，对城市建设有着深刻的影响，反映了人们的风俗习惯、宗教信仰、礼仪风尚、生活方式等。

城市绿化设计的基本策略是调查周边街道环境的特征及建筑风格，从景观整合性的角度协调好统一与个性的关系。与整体形象相关的色调、材质、开敞程度、基准高度等方面要保证与周边的户外环境相协调，而标识、入口雨棚、岗亭等部位可以设计得相对个性化一些（图 1-8）。

统一周边环境整体外围形象的关键是选择开放式还是封闭式。院门的设置以及围墙、绿篱的高度标准都要尽可能与周边环境的外围形象一致。如果外围使用的材料在品种上各不相同，那么就要尽量在材料和质感方面做到统一。

第二节
植物配置与色彩搭配

环境绿化配置是植物造景的基本技艺，它不同于纯功能性的农用防护林带或纯经济用途的人工林、果林以及花圃等，它的不同之处就在于"艺术"二字。环境绿化配置包括两个方面：一方面是植物之间的艺术配置；另一方面是绿化植物与其他绿化要素的配置，如绿化植物与建筑、道路、山石、水体等相互之间的配合。在配置植物时，上述两方面都应考虑，要根据绿地的性质、条件、规划要求，各类植物的生态习性、形态特征，平面和立面的构图，色彩、季相以及园林意境等，因地制宜地配置各类植物，充分发挥它们与功能相结合的观赏特性，创造良好的生态环境，实现植物与植物之间、植物与环境之间的最大协调。

在人的五官感觉中，视觉占整体的87%，因此，通过视觉摄取信息十分重要。户外环境中植物的色彩搭配也是绿化设计中非常重要的一部分。输入大脑的色彩信息会给身心带来多方面的影响，通过视觉欣赏花卉的色彩可以激活大脑细胞。因此，园艺在福利疗养院的应用具有很好的心理疗效。

一、色彩设计的基础知识

色调是明度和彩度的复合概念，可分为不同的区域：pale(指淡色的与嫩色的)、light(指明亮的与亮色的)、vivid(指鲜艳的与强烈的)、dull(指晦暗的与沉闷的)、dark(指暗色的与深色的)。

二、色彩调和搭配

色立体从水平面来看，可看作在不同明度位置上分布的色相圆环，这称为色相环 (图 1-9)。色彩设计以色相环与色立体的色彩位置加以综合考虑进行色彩调和搭配。色彩调和搭配归纳起来有以下 6 个方面的法则。

1. 无彩色调和

位于色立体中心轴上的白色和黑色 (无彩色) 的色调都能与色相调和。如果相邻色彩之间过于强烈而无法相互中和时，可以在中间掺入无彩色，如白、灰、黑三种颜色，以达到色彩调和的目的。

2. 同色相调和

同一色相上不同色调的色彩通过所占面积的比例变化来组合搭配达到统一。

3. 相似色相调和

通过相似的色相组合来达到色彩调和的目的。

4. 不同色相调和

色相不同时可用相同色调来调和，可以用浅色调来统一，也可用深色调来统一。

5. 互补色调和

色相环上，呈 180° 对角线位置上的色相具有较强的互补性，能给人带来活跃的感觉。但如果互补色的对比面积过小，则达不到调和效果。

6. 相似色 + 互补色的调和

色相环中形成等边三角形或等腰三角

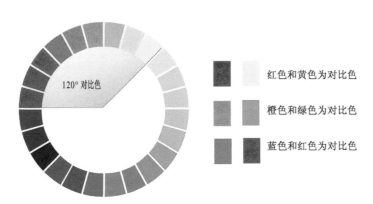

红色和黄色为对比色

橙色和绿色为对比色

蓝色和红色为对比色

图 1-9 色相环

对比色是人的视觉感官所产生的一种生理现象，是视网膜对色彩的平衡作用。在 24 色环上相距 120°~180° 的两种颜色称为对比色。

5

形的三种颜色可相互调和，底边的两色为相似色调和。但是，调和的关键是位于等边三角形或等腰三角形的底边上的两个色彩应占较大的面积比例，才能凸显出等边三角形或等腰三角形顶点的色彩（互补色）。

三、植物色彩的调和类型

通常，土壤、木材、石材等自然材料的色彩是任何年龄层都能接受的，这些材料能营造出轻松的庭院环境。植物色彩的调和以植物和自然材料的色彩为基调，然后再添加花卉及设施的色彩。植物色彩的调和类型大致分为色调调和型、相似色调和型、色相调和型。

1. 色调调和型

色调调和型是指力求使花和叶的色彩在色调上达到统一。当以绿色为基调，且有多种色相存在时，可以通过调整色调来达到统一，这能让空间整体的风格显得沉稳而有品位。色调调和型一般用于营造柔和而沉稳的景致，特别是想要表现柔和感时，可用 pale、light 色调的天然色调。用色调调和方法来表现柔和感时，花卉可以用以白色、淡紫色、粉色为主色调的浅色色调来统一，这样，即使增加花卉的数

量，也不会给人沉重感。另外，植物的颜色尽量不要与设施的色彩混杂在一起。但要注意，深色调的花卉出现在浅色调的花卉中会显得很突兀，影响整体美感（图1-10）。

2. 相似色调和型

相似色调和型是以色相环上的某一种颜色为主色，通过与相邻颜色的搭配组合来达到色彩协调的设计方法（图1-11）。黄色与橘色、红色与粉色的搭配是相似色调和的经典代表。相似色调和型通常以浅色调为主，能营造出清爽的感觉。以绿色作为基调，多采用常绿树或彩叶草，将白色、浅色调的花卉交错栽植，再将叶子的绿色以浓淡渐变的方式来搭配，就能使人体会到景致随季节变化的微妙之处。

深色调加入白色后会弱化刺激的感觉。另外，白色与青色、绿色组合搭配能产生清凉而沉静的氛围。青色给人安静和充裕感，白色给人素雅和清爽感，这两种色彩搭配在一起非常协调。

3. 色相调和型

色相调和型是以"相似色 + 互补色"为依据的色彩设计。色相调和型一般以绿

图 1-10　浅色调花系

图 1-11　相似色花系

图 1-12　互补色花系

色为基调，花卉的颜色用相似的色相来整合，偶尔也可用互补色的花卉强调一下。色相调和型的配色方法多用在明快的紫色环境中。另外，以绿色为基准点，用其左右 90° 范围内的黄色、青紫色的色相进行搭配组合也能达到调和的效果。如果添加绿色的互补色——红色，则效果更显著。

如果选择接近原色的、鲜艳色系的花卉，就会给人愉悦感，能产生氛围明快的感觉。色调有跳跃感的花卉应注意搭配栽植，协调好与整体的平衡关系，某种花卉面积过大，容易破坏整体的平衡感。适量加入红色，可给人留下充满活力的印象(图 1-12)。

图案设计和色彩搭配

1. 图案设计

图案设计常用的图案形式有带状、放射状、波浪状、圆弧形、矩形、文字和数字图案等。在设计中，首先应考虑图案与环境的轮廓走向并与其他栽植植物相协调。如大面积的草坪多采用带状、波浪状的图案；矩形绿地常采用圆弧形、扇形的图案；宽阔的道路两边及大型绿化广场多采用椭圆形、放射状图案。其次，图案主题应与环境的主题相吻合。最后，图案面积要与绿地面积的比例相协调 (图 1-13)。

2. 色彩搭配

进行色彩搭配时，红、橙、黄、绿、紫、白各种颜色均可使用。单一色彩可体现整齐的美；两种或几种色彩和谐搭配可体现丰富的美 (图 1-14)。

小/贴/士

(a)　　　　　　　　　　　　　　　　　(b)

图 1-13　图案设计

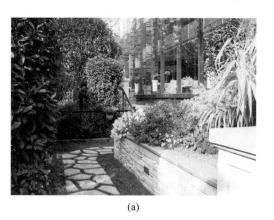 

(a)　　　　　　　　　　　　　　　　　(b)

图 1-14　色彩搭配

四、绿化设计的配色运用

1. 公园和庭院的配色

如何处理环境的整体色调与视觉之间的联系是公园和庭院绿化设计中支配色所要解决的主要问题。支配色虽然不必在任何时候都和环境统一调和或相似调和，但却必须保持两者之间的调和关系。其次，在处理色调的平衡和颜色层次的渐变时，应尽可能以大面积和大单元的方式呈现。另外，目的色或装饰色容易成为设计的重点，小规模地使用设计支配色和对比色才能有效果。如果有必要形成重点，则要优先考虑全体色调的调和。最后，色调单调或对比过度时，应在这些颜色间加入其他颜色，例如白色、灰色、黑色等，都能达

到很好的缓冲效果，如果加入彩色，则应选择能够把原来两色的明度明确区分开的色彩，再对色调和色度加以考虑。

2. 色彩调和的方法

(1) 按同一色调配色（图 1-15）。例如，公园铺装有混凝土铺装、粉末铺装、卵石铺装等。若忽视配色调和，将在大范围内破坏园林的统一感。同一色调的配色明度和色度虽然不同，但只要色调相同，就能达到调和。同一色调容易形成沉静的气氛，但缺乏丰富的色彩会令人感到单调乏味，这时，可以采用分隔或铺装的形式，或改变目的物和装饰的位置、形状、明度、色度等，呈现出多样性的变化。反之，如果这些因素是变化的，

(a)

(b)

图 1-15　同一色调配色

最好使用同一色调。

(2) 按近似色调配色。所谓近似色调和，必须包含共同的色调，但又有显著的不同。近似色调的调和根据颜色的三性(色相、明度、纯度)进行。近似色调配色要注意以下两点：第一，由于比同一色调配色的色幅度(种类)增加了，因此以减少造景要素的数量为宜；第二，在近似色调之间决定主色调和从属色调时，对两者要区别对待。

(3) 按对比色调配色。色相环中心点相对的一对颜色被称为补色。对比色调的配色由补色组成，例如，红和蓝绿、黄和蓝紫、绿和红紫。对比色调的配色互相排斥又相互吸引，产生强烈的紧张感，很引人注目，但多用则使设计陷于混乱。因此，在设计时对比色调应谨慎运用。

第三节
合理管理植物

植物是反映四季变化的理想素材。在设计户外环境方案时，设计师若将绿化带给人的感受考虑在内，则会使方案更具内涵，也更具人文气息。

植物的种类繁多，用于环境绿化设计时，应依其机能、环境因素、展示效果等慎加选择。在环境绿化设计中增加花草植物，可以使环境绿化更加丰富多样，引人注目。经过环境艺术的整体设计，配置以适当型、色、质地、高度的花草植物，则更能达到美化环境的效果，产生"变化中有统一，统一中有变化"的意境。

一、植物的生存条件

选择树种最基本的条件就是要使其适合规划设计用地的生长环境。树木生长的基本要素分别是气温、日照、水分、土壤、通风。

1. 气温气候

不同植物对生长气温气候条件的要求不同。根据纬度位置、海陆位置、地形特点等因素，我国的气候可分为热带季风气候、亚热带季风气候、温带季风气候、温带大陆性气候、高原山地气候五大类。我国气候分布的地区及特点如表 1-1

表 1-1　我国气候分布的地区及特点

气　候	成　因	特　点	分 布 地 区
热带季风气候	冬、夏季风交替控制	全年高温，雨季较集中在夏季	云南西双版纳、广东雷州半岛、海南省、台湾南部
亚热带季风气候	冬、夏季风交替控制	冬季低温少雨，夏季高温多雨	秦岭—淮河以南
温带季风气候	冬、夏季风交替控制	冬季寒冷干燥，夏季炎热多雨	秦岭—淮河以北的华北、东北地区
温带大陆性气候	终年受大陆气团控制	冬寒夏热，干旱少雨	西北地区
高原山地气候	地势高，地形起伏大	气候垂直变化明显，气温随高度增加而降低	青藏高原地区

所示。

在环境绿化设计中，植物的选择要考虑耐寒性与耐热性，同时还要考虑到当地的湿度与风向等因素，根据当地的自然环境选择适宜生长的植物。在我国的海南省，高大挺拔的椰子树与棕榈树随处可见；而在我国的中部地区，植物多数是常绿灌木、常绿乔木、落叶乔木、落叶灌木等（图1-16 ～图 1-19）。

2. 日照量和方位

树木按照对日照量的要求大致分为喜阳树、喜阴树和中性树。由于树木对日

图 1-16　椰子树

图 1-18　棕榈树

图 1-17　常绿灌木

图 1-19　落叶乔木

图 1-20 喜阳树设计

图 1-21 喜阴树设计

常见喜阴植物有：华山松、辽东冷杉、白杆、云杉、八角金盘、散尾葵、刺柏、白玉兰、小叶黄杨、丁香、四季桂等。

照量的需求不同，因此，环境绿化设计应根据建设用地的日照条件交错搭配栽植树木。

日照状况应结合夏至日和冬至日的光影图分析建筑物的南向部位，夏至日和冬至日终日无阴影的区域可栽植喜阳植物；而南向庭院的围墙内侧区域，尽管位于南向，但属于背阴条件，这种处于阴影状态的部位适合栽植喜阴植物。在掌握植物特性的基础上再选择搭配栽植，这样就能设计出魅力十足的庭院空间（图1-20、图1-21）。

背阴部分可分为稍微背阴、中度背阴和全背阴。要具体了解背阴程度再选择栽植植物。如果设计者能把阴凉所独有

的氛围和感觉灵活应用到设计中，也能营造出静谧的空间，比如林间小径（图1-22）。

地面铺砌长满苔藓的叠石、天然石材、砂石，再精心地点缀些地被植物，就能打造出惬意的小景。在微型庭院中，落叶、地被植物是背阴空间充分展现魅力的基本要素。背阴的树木及茂密的花草间会出现阴暗空间，如果在这些空间内添置上雕塑、花钵等小品，就能衬托花草的鲜艳美丽（图1-23）。

3. 水分

室外树木水分供给的主要方式是雨水。但是也有一些种植穴，比如花坛、树池，它们的实际尺寸比植物所需的尺寸要小，

(a)

(b)

图 1-22 背阴花园设计

图1-23　庭院小景

图1-25　新型树池

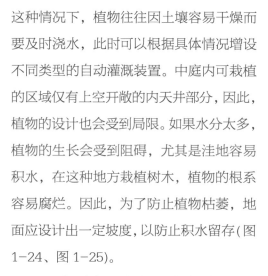

图1-24　易积水的树池

图1-26　固土设计

这种情况下，植物往往因土壤容易干燥而要及时浇水，此时可以根据具体情况增设不同类型的自动灌溉装置。中庭内可栽植的区域仅有上空开敞的内天井部分，因此，植物的设计也会受到局限。如果水分太多，植物的生长会受到阻碍，尤其是洼地容易积水，在这种地方栽植树木，植物的根系容易腐烂。因此，为了防止植物枯萎，地面应设计出一定坡度，以防止积水留存（图1-24、图1-25）。

最后，在设置上述供水设施时，必须配套安装户外供水阀和电源开关。

4.土壤

确保树木茁壮成长的土壤应具有适度的渗水性和保湿性，并且富含有机物质。新建住宅用地的土壤往往多是黏土、砂土、碎石等，不适合树木生长，因此需要对土壤进行改良。为了能支撑住树木地面以上部位，应保证树木的根基与枝叶有同幅度的根球。因此，树木周围的坑穴范围就要大于树冠尺寸，这是土壤改良的基本标准（图1-26）。

首先，应检测植物栽植区域的土壤特性，明确是否适合栽植植物。可根据该地生长的植物类型来判断排水状况，如果苔藓类的植物较多，则表明排水不良。此外，也可利用雨后的土壤特性来判断排水状况。排水良好的土壤，雨后不会出现水洼，如果大雨过后水洼在半天到一天之内渗下去，也表明没有排水不良的问题。即使少量的降雨也会出现水洼，或者雨停后水洼一直保留到第二天，则表明该土壤排水不良（图1-27）。

对排水不畅通的庭院进行设计时，要将植物的选栽与庭院设计相结合来解决排水问题，通常的解决办法是覆盖新土。如果整个庭院全部覆盖新土比较困难，则可结合庭院设计对部分土壤进行适当的替换或覆盖。较平坦的庭院有排水不良的问题时，可借用堆砌山丘等方法人为形成坡面，同时增设雨水沟将水引至排水沟中。另外，还可借用枕木做成花坛式围合，或者像岩石园那样采用自然风格的叠石等方法解决排水问题（图1-28）。

(1) 土壤优劣的判断方法。

①通过场地内生长的植物类型来判断土壤的酸碱度。土壤中像刺荆、车前草之类的杂草较多，则属于偏酸性。优质土壤内长出的杂草通常不会偏于个别种类，植物的生长也会比较均衡。

②采土样检测土质。优质土壤用方头铁铲就能轻松铲挖，附在铁铲上的土会很快滑落；用手轻轻握土，土会立即松散。劣质土壤浅层多会有瓦砾、石块等，瓦砾、石块较多的土壤，需要把石砾铲出。如果遇到黏土层就要再深挖一些，然后混入改

良剂。如果挖土的铁铲上沾满泥土，且需用力才能刮掉，这些土轻轻握成团状后会有黏黏的感觉，那么这种不会松散的团状土壤属于排水不良的黏质土，这种土壤渗水较差，会有一些微生物的遗骸因腐烂而散发出异味。

(2) 土壤（营养成分）的改良方法。

①黏土、砂土的改良方法。通常黏土富有保湿性和保肥性，但渗水性很差，可以掺入有机改良的腐叶土、树皮堆肥、泥煤苔、稻壳灰、珍珠岩、砂石等来改善其渗水功能。砂土渗水性过强，保肥能力较差，因此需频繁施肥。但由于肥料容易流失，因此植物生长缓慢。为提高渗水和保肥能力，需在砂土内掺入黑土等土壤，再与腐烂树叶、树皮堆肥、泥煤苔等有机改良土壤充分混拌。生物有机肥是一种速效、长效，既能满足农作物的营养需要，又兼有保水、保肥、缓释作用的生物缓释肥料，它可消除土壤板结，恢复地力，提高农作物产量和质量。因此，利用生物有机肥堆肥制造有机复合肥，走资源化利用之路，对今后合理利用城市固体废弃物具有重要的现实意义。采用这种方法的目的

图1-27　排水不良设计

图1-28　排水设计

在于利用生活炉渣、农作物秸秆等废弃物，生产出一种既环保又可提高土壤保水、保肥功能的新产品。农林业生产中的应用研究表明，保水剂能显著提高作物抗旱能力和作物产量，在我国广大的干旱、半干旱、季节性干旱地区有着广泛的应用前景（图1-29～图1-32）。

②酸性土壤、碱性土壤的改良方法。土壤的酸碱度用 pH 值来表示（图1-33）。适合植物生长的土壤 pH 值在 5.5～6.5 之间。pH 值在 4～6 之间的土壤为酸性土，pH 值在 8～9 之间的土壤为碱性土。蔷薇是喜酸性土壤的植物，所以在其附近也要栽植同样喜酸性土壤的植物。在家庭菜园中种植的蔬菜适合弱酸性土壤，如果土壤为偏碱性，可以混合施入未调整酸度的泥煤苔。

5. 通风

建筑物密集、通风不良的环境里，树木的热量和水分都不容易蒸发，因此，植物无法顺利生长，同时也容易引发病虫害。在围墙边、建筑墙边等通风条件差的区域栽植植物时，可以在栽植区域的内侧墙体上设置豁口，或将部分墙体设计成栅栏来保证通风（图1-34）。

首先，要保证整个树木都能接受到阳光照射并通风良好，则植物的栽植不可太密集，否则枝叶会交错在一起，造成空气

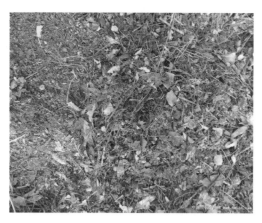

图 1-29　腐叶土

图 1-31　稻壳灰

图 1-30　砂石

图 1-32　珍珠岩

14

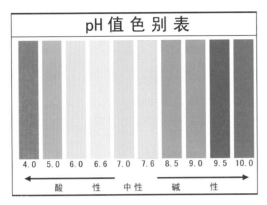

图1-33 pH值色别表

图1-34 栅栏通风设计

滞留，伤害植物本身。要保证通风良好，设计者就要仔细斟酌不同树种的搭配组合方式。其次，地形不宜太平坦，要有高、中、低不同高度的树木组合搭配形成层次，这样不仅可以优化植物环境，也会使设计明朗而富有层次。例如，前部栽植低矮树木，其后依次渐高地搭配植物，就能设计出层次分明的绿化坡度，也能使人们观赏到各个品种的植物，这种设计立体效果好，也能保证通风良好（图1-35）。

二、植物配置的基本方法

1.规则式配置

规则式配置强调排列整齐、对称，有一定株行距，给人以庄重和肃穆的感受。

（1）中心配置。中心配置是指在对称轴线的相交点，如几何形花坛、广场的中心处，栽植树形高大、形体优美、外形较为规整的树种（图1-36）。

（2）对称配置。对称配置是指树木按照一定的轴线关系作相互对称或均衡种植的方式。对称配置一般选用树形整齐、轮廓严整，品种、体形大小以及株距都一致的乔木和灌木。对称配置在艺术构图上用来强调主题，作为主题的陪衬，多选用耐修剪的常绿树（图1-37）。

（3）列植。列植是将同种的同龄树按一定的株距进行行植或带植。通常为单行或双行，其形式有以下三种。

图1-35 多层次绿化

图1-36 中心配置

图 1-37　对称配置

图 1-38　单行列植

①单行列植。由一种树种组成或由两种树种间植搭配而成（图 1-38）。

②双行列植。重复单行列植（图1-39）。

③双行重叠植。两行树木的种植点错开或部分重叠，多用于绿篱的种植。树木之间关系紧密，形成整体，达到屏障效果，封闭性好，可用来分割空间和组织空间（图1-40）。

(4) 分层配置。将乔木、灌木和草以不同的高度分层配置，前不掩后，以便能呈现各层的形态，使花期相互衔接、相互衬托，同时还可起到防护、隔离作用（图1-41）。

(5) 象形配置。象形配置是以不同色彩的观叶植物或花叶兼美的植物在规则的植床内组成复杂华丽的图案。象形配置的图案包括文字、肖像等，主要表现整体的图案美。植床多采用较简单的几何轮廓作外形，可用于平地或斜坡上（图1-42）。

(6) 片植。片植是在边框整齐的几何形植床内，成片种植同一种植物，如成行、成排种植的林带、防护林、竹林、花卉、草坪植物等（图 1-43、图 1-44）。

2. 自然式配置

自然式配置以模仿自然界中的植物景观为目的，强调变化，没有一定的株行距，将同种或不同种的树木进行孤植、对植、丛植、群植以营造风景林，具有活泼、愉

图 1-39　双行列植

图 1-40　双行重叠植

图1-41 分层配置

图1-43 防护林

图1-42 象形配置

图1-44 花卉

快的自然风趣。

(1) 孤植。孤植是指乔木单体的孤立种植类型，又称孤植树。孤植树的主要功能是出于构图艺术上的需要，可作为局部空旷地段的主景，同时也起遮阴的作用。孤植树作为主景，是用以反映自然界个体植株充分生长的景观，外观上要挺拔繁茂，雄伟壮观，具有较高的观赏价值。在孤植树的周围要求有一定的空间，使枝叶充分舒展，要有适宜的视距，人们才能欣赏到它独特的风姿 (图1-45)。

孤植树适宜作独赏树的树种，一般应具备高大雄伟、树形优美、树冠开阔宽大、富于变化等特点，轮廓呈圆锥形、尖塔形、垂枝形、风致形、圆柱形等。孤植树在绿化布置中主要显示树木的个体美，常作为住宅庭院空间的主景植于花坛中心或小庭院一角等与山、石相互成景之处。孤植一般采取单独种植的方式，但也可用2～3株合栽成一个整体树冠。

(2) 对植。对植是指自然式栽植中的不对称栽植，即在轴线两边所栽植的植物，其树种、体形、大小完全不一样，但在重量感上却保持均衡状态。这是应用天平均衡的原理。天平两边的秤盘里所盛之物虽然大小不同，但它们的重量一致。所以在轴线的一侧可以栽一株乔木，而在另一侧可以栽植一大丛灌木与之取得平衡 (图1-46)。

(3) 丛植。丛植是由同种或不同种的树木组成。通常是由两株到十几株乔木或乔灌木组合种植而成的种植类型，是树木发挥群体美的表现方式之一。丛植既要求整体感，也要求个性化。丛植的方式自由

图 1-45　孤植　　　　　　　　　　　　　　　　图 1-46　对植

灵活，既可以形成雄伟浑厚、气势宏大的景观，也可以形成小巧玲珑、鲜明活泼的特色。在景区中，它既可以用作主景，也可以用作配景，在景观和功能两方面起着重要的作用。树木彼此之间有统一的联系，又有各自的变化，互相对比，互相衬托（图 1-47）。

树丛的平面构图以表现树种的个体美和树丛的群体美为主。因此，在树丛的配置上，要求在不同的角度呈现不同的景观。因此，不等边三角形是树丛构图的基本形式，由此可演变出 4、5、6、7、8、9 株等株数的组合。

（4）群植。大量乔灌木生长在一起的组合体称为树群。树群的配置称为群植。

树群所表现的主要为群体美，树群也像孤植树和树丛一样，是构图上的主景之一。树群所需面积较大，在园林绿地中可以分隔空间，增加层次，起到防护和隔离的作用。树群本身亦可作漏景，通过树干间隙透视远处景物，具有一定的风景效果，也可以作为背景、障景及夹景。树群主要立面的前方，至少在树群高度的 4 倍或树群宽度的 1.5 倍的距离留出空地，以便游人欣赏（图 1-48）。

树群可以分为单纯树群和混交树群两类。单纯树群由同一树种构成，树群下有喜阴多年生草本植物作地被植物。混交树群通常是由大乔木、亚乔木、大灌木、中小灌木以及多年生草本植物构成的复合

图 1-47　丛植

图 1-48　群植

体。它是暴露的群体，配植时要注意群体的结构和植物个体之间的关系。通常，高大的树木宜栽在中间，矮小的树木宜栽在外侧；常绿乔木栽在开花亚乔木的后面作为背景；喜阳植物栽在阳面，喜阴植物栽在阴面；灌木作护脚或下木，灌木的外围还可以用花草作为与草地间的过渡。树群的外貌除层次、外围绿化变化外，还应有季相变化，如春有似锦的繁花，夏有蔽日的浓荫，秋有艳丽的红叶，冬有傲雪的翠松等。但树群各个方向的断面不能像金字塔那样机械。树群的某些外围绿化可以配置一两片树丛及几株孤立树木，有意识地打破规矩和呆板的画面，使树群高低错落、疏密有致、轻重有度、美观大方。

自然式配置最简单的形式是以主体景物中轴线为支点取得均衡关系，树木分布在构图中轴线的两侧。树木必须采用同一树种，但大小和姿态必须不同，动势要向中轴线集中。大树距离中轴线要近，小树距离中轴线要远，两树栽植点连成直线，不得与中轴线成直角相交。

自然式配置可以采用株数不相同、树种相同的树木配植，例如左侧是一株大树，右侧为同一树种的两株小树，也可以两边是相似而不相同的树种或两种树丛，树丛的树种也必须近似。两侧的树林既要避免呆板的对称形式，又必须对应。两株小树或两个树丛还可以采用对植的方式排列在道路两旁构成夹景，利用树木分枝状态适当加以培育，构成相依或交冠的自然景象。

自然式配置只能作配景，可以布置在景区建筑入口两旁、小桥头、磴道石阶的两旁，并配以假山石以增其势，调节重量

感，力求均衡。

第四节
案例分析——中国绿化城市厦门

厦门别称"鹭岛"，简称"鹭"，是我国东南沿海重要的中心城市、港口及风景旅游城市。厦门位于福建省东南端，西接漳州，北邻南安和晋江，东南与大金门、小金门和大担岛隔海相望，通行闽南方言，是闽南地区的主要城市，与漳州、泉州并称厦漳泉闽南金三角经济区（图1-49）。

厦门地形以滨海平原、台地和丘陵为主。厦门地势由西北向东南倾斜，地势地貌类型多样，有中山、低山、高丘、低丘、台地、平原、滩涂等。独特的地形面貌加上得天独厚的地理位置，使得厦门拥有与众不同的景观面貌。厦门从西北往东南，依次分布着高丘、低丘、阶地、海积平原和滩涂，南面是厦门岛和鼓浪屿。云顶山为厦门市最高峰，云顶岩为厦门岛最高峰，日光岩为鼓浪屿最高峰（图1-50）。

2017年金砖国家领导人第九次会晤在中国福建省厦门市举办。这是继2011年第三届金砖国家会议在中国三亚首次召开后的又一次新的突破，展现出我国作为经济大国的国际地位。在中国众多城市中选择厦门市召开此次会议，突出了厦门市在我国环境绿化城市中的地位。从厦门市统计局获悉，2014年厦门城市建成区面积扩大到301 km²，拥有公园100个，占地面积为2 418公顷；污水集中处理

图1-49 厦门市

(a)

(b)

(c)

(d)

图1-50 鼓浪屿景观

率为93.73%；生活垃圾无害化处理率为100%。据统计，2014年厦门人均公园绿地面积（不含暂住人口）为20.35 m²。建成区绿化覆盖面积为12 604公顷，绿化覆盖率为41.87%。

一、自然景观

厦门一年四季花木茂盛。厦门市市树为凤凰木，市花为三角梅。目前厦门植被的覆盖状况较好，植被以小型低矮的乔木为主（图1-51、图1-52）。

厦门南部风景区、环岛路及环岛滨海绿带、南北走向的机场路、福厦路与东西重点绿地片块已形成点、线、面有机结合的本岛绿地系统。海滨沙滩绿化主要由高大乔木组成，古老的榕树随处可见，既延续了历史，又体现了生态和谐（图1-53、图1-54）。

二、街道景观

在街道绿化设计上，厦门市将本土文化与景观结合，高大的行道树与乔木、灌木、花卉相互融合，形成了独特的风景线。厦门市环境优美是有目共睹的，在全国绿化城市排名中名列前茅（图1-55）。

图1-51　凤凰木

图1-53　道路

图1-52　三角梅

图1-54　环岛路

(a)

(b)

图1-55　街道景观

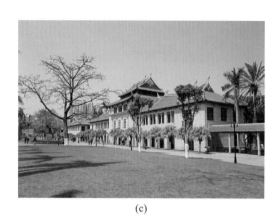

(c)

(d)

续图 1-55

22

绿化设计的作用

1. 构图作用

在室内设计中，由于建筑技术和施工条件的限制，直线和几何形要素较多，形态比较单调，我们称之为人工形态。而以各种植物构成的室内绿化则与之相反，属于非人工的自然形态。室内绿化的轮廓自然多变、参差不齐、疏密相间、曲直有别，与室内的人工环境形成鲜明对照，使环境显得生动、清新、生机勃勃。

室内空间设计中的各装饰部分多呈现光而硬的质感效果，而绿化从整体上看，呈现表面柔和的质感效果，两者相互配合，使质感的对比效果明显增强。

2. 丰富色彩

室内的色彩设计无论怎样丰富多变，也离不开匀质的平面效果，这反映出很强的人工痕迹。而植物的色彩虽然以绿色为主调，但各种植物的绿色却不尽相同，这也反映出既统一又富有变化的自然色彩的风韵，是对色彩的补充。另外，各种鲜花盛开时，又增加了色彩的对比和画面的情趣。

3. 丰富剩余空间

用绿化装饰设计的剩余空间，可使这部分空间景象一新。通常在一组家具或沙发转角的端头，用植物陈设作为家具之间的过渡，创造一种宁静和谐的气氛。在窗台或窗框周围摆设小型盆景或悬吊绿化植物可美化窗景。在一些难以利用的空间死角，如楼梯上空或底下布置绿化，可使这些空间充满生机、增添意趣。

小／贴／士

思考与练习

1. 环境与绿化有什么联系？

2. 绿化的概念是什么？

3. 绿化色彩设计过程中需要注意哪些问题？

4. 环境绿化的意义是什么？

5. 环境设计的原则有哪些？

6. 中国绿化城市排名上榜的有哪些城市？

7. 城市绿化的主要方法有哪些？

8. 绿化给我们生活带来了什么？绿化的意义是什么？

9. 运用所学知识，阐述环境绿化与社会可持续发展之间的联系。

10. 结合本章所学知识，分析杭州市环境与绿化的优缺点。

第二章
绿化设计基本方法

学习难度：★★☆☆☆

重点概念：功能分区、设计方法、设计形式

章节导读

　　绿化分区是将自然景色与人文景观突出的某片区域划分出来，并拟定某一主题进行统一规划。城市环境由植物、地面、水面以及各种建筑组成。环境绿化的规划设计必须将绿地的构成元素与周围建筑的功能特点和当地的文化艺术等因素综合起来考虑，尤其要重点考虑文物古迹、民间传说、名贵植物、特色建筑或山水等，确定重点景色，这也是我国景观设计特有的规划方法（图2-1）。

图 2-1　环境绿化

第一节
功能分区设计

功能分区是指在开展具体设计之前，先考察住宅及周边环境条件，通过功能划分，对户外环境各构成要素进行归纳整理的工作。从几个功能分区方案中筛选出最佳方案，这对提高设计精度和效率均有推动作用。

景色分区是从艺术形式的角度来考虑环境绿化的布局；功能分区则是从实用的角度安排布局，具有较高的文化品位和综合性。一个成功的综合设计规划应当力求达到功能与艺术两方面的有机统一。

一、功能分区

功能分区根据用地与建筑物的关系、用途等大致分为协空间、创空间、游空间这三种。根据用地与道路的衔接状况，这三种空间的功能划分有很大差别。道路位置关系不同，各个空间在不同方位的功能划分也不同。

1. 协空间

协空间即过渡空间，是指道路与用地的交界处（用地边界）、门庭、入口、停车位以及前庭部分。此空间是与外界的邻接部分，属于半公共空间设计，应注意与周边环境的协调性（图2-2）。

2. 创空间

创空间即服务空间，是指半室外的家务空间，以往它是用于晾晒衣物、处理垃圾、室外收藏等的服务性小院，而现在大多被设计成业余爱好的工作空间或园艺准备工作等的创造性场所。创空间一般设于设备间、厨房附近（图2-3）。

3. 游空间

游空间即休闲空间，是指与客厅相连的主要庭院空间，用以确保居住者的私密性，其使用方法较自由（图2-4）。

图2-3　服务空间

图2-2　过渡空间

图2-4　休闲空间

二、功能分区设计注意事项

1. 整体布局

整体布局应确保各个功能分区对应的恰当空间的协调与平衡。

2. 与周边的关系

开展设计之前，设计者应确认用地及周围的状况是否协调，特别要注意下列事项。

(1) 停车位的位置要考虑与其前面道路之间的关系 (如宽度、道路坡度及用地各方位的高差关系)。

(2) 考虑与邻接用地之间的间距、高差、邻接地建筑窗户的位置和高度、晾晒场地等的位置。

(3) 分析借景使用的最佳观景地以及是否需要被遮挡的部分。

(4) 掌握原有树木、邻接用地的植被状况以及设备箱位置的整合性。

3. 动线设计

动线设计时应分析研究是否方便居住者使用，尽量保证服务性。

4. 绿化设计

绿化设计区域应单独设计。随着植物的生长，各个功能分区应富有变化，如用于确保私密的植物区域，强调重点的区域，亲密接触植物的区域以及景观栽植区域，都应考虑到整体的协调性，并结合各区域的功能做好设计。

27

小/贴/士

城市绿化规划设计的基本要求

(1) 根据当地条件和城市发展规划，确定城市绿化规划设计的原则。

(2) 合理规划城市绿化的布局，确定其位置、性质、范围、风格、面积。

(3) 根据本城的发展规模，拟定城市绿地分期达到的各项指标，提出城市园林绿地系统的改造计划。

(4) 编制城市绿化规划设计的图纸和文件。

(5) 对于重点的公共绿化和景观，可根据实际需要制订出示意图和规划方案，提出设计任务书。设计任务书内容包括绿地的性质、位置、周围环境、服务对象、估计人流量、布局形式、艺术风格、主要设施的项目与规划、建设年限，以此作为绿化设计的规划依据。

三、绿化布局设计的原则

绿化设计能使城市绿地获得最大的生态、社会及经济效益，各种绿地的布局方法都可遵循以下原则。

1. 网络分割原则

充分发挥生态效益，绿地相互连接，

图 2-5　网络规划

图 2-7　绿化隔离带

图 2-6　合理布局

图 2-8　绿地景观

包围、分割市区，把以建筑为主的市区分割成小块，整个城市外围也以绿带环绕，如此可充分发挥绿地改善环境和防灾的作用（图2-5）。

2.服务范围均匀分布原则

不同级别、不同类型的公园一般不互相代替，要使每户居民都能方便地使用就近的公园和居民区、企事业单位、公共场所等周边的绿化公园，从而达到城市园林化（图2-6）。

3.隔离、防护、净化原则

在大气污染源、噪声源与生活居住区、学校、医院之间用防护绿地和绿化带加以隔离，中心广场、交通枢纽设置绿地、种植树木来净化空气（图2-7）。

4.结合现状原则

结合山脉、河湖、坡地等建设绿地，并连成网络，把已有的公园绿地、道路、景观尽可能地组织到绿化系统中来（图2-8）。

第二节
造景设计方法

植物造景，顾名思义，就是应用乔木、灌木、藤本及草本植物来创造景观，充分发挥植物本身形体、线条、色彩、质地等自然美进行构图，并通过植物的生命周期变化配植成一幅幅具有动态美感的画面。完美的庭院绿化设计必须使科学性与艺术

图 2-9　造景设计

植物是景观要素的重要组成部分，而且作为唯一具有生命力特征的要素能使景观空间体现生命的力，富于四时的变化。

性高度统一，既满足植物与环境在生态适应性上的统一，又通过艺术构图原理，体现植物个体及群体的形式美，并为人们创造意境美。

造景设计是指在对地形、周边环境、人流量、服务对象以及风俗习惯有了全面了解后进行的环境改造活动，旨在创造不同的景观环境供人们休闲娱乐（图 2-9）。

造景是将自然的风景和人工造景的主题加以融合、提炼，使之成为具有观赏价值的景观。造景的手法有以下六种类型。

一、借势造景

1. 树木的气场

树木的气场是指树木本身固有的气势方向，气场分强度与范围。借用气场的设计能营造出突出场所方向性和场力的"动感景观"。其庭院构成均以自然树木、石材为主。树木与建筑材料不同，它本身没有固定的形态，而是拥有各自不同的自然状态。有的树木取自于平地的农田，有的取自于山林的坡面，树木生长的地形特点决定了树木形态。发挥树木、石材本身的特色才是绿化设计的妙趣所在。

（1）树木的正反面。能接受到阳光照射、枝叶伸展面向阳面的一侧为树木的正面。栽植时要注意树木朝向（栽植倾斜状况），适合庭院栽种的树木从正面看应该呈直线状，而从侧面看枝干弯曲成稳定的 S 形。

（2）气场的方向。任何物体都有自身形态所带来的气场的方向感。气场的方向主要是朝东、西、南、北四个方向，正方形、圆形物体的方向感较弱。

树木的气场随树形和搭配方式的不同而不同。有效发挥气场优势能设计出有趣的户外环境。

2. 利用气场的栽植

乔木、矮木、灌木，甚至较小的草本花卉也都存在气场如果对其加以利用，植物就能将其完美的姿态展现给观赏者。

杨柳树如果种在水边，枝干会自然垂向水面生长，这是自然规律，是最原始的自然状态。新栽种的杨柳树，即使特意向

图 2-10　杨柳树

水面方向倾斜栽植，也完全展现不出杨柳树本身的自然特性（图 2-10）。

二、遮挡

在面积有限的户外空间内，有些事物使用者不愿被他人看到，比如晾晒的衣物、轿车的外形等。但是这些事物有生活感，很容易通过对比判断出空间的大小和尺度。而这种有生活感的信息映入眼帘，无法让人们的心灵感受到庭院空间的意境。因此，做好这两者间的协调再构想庭院空间，能获得更好的效果（图 2-11）。

如果遮挡行为过于明显，反而会把人的注意力引向被遮挡的位置而突显出要遮挡的物体。因此，让人不易察觉的遮挡手

图 2-11　庭院遮挡效果

图 2-12 遮挡视线

图 2-13 纵深感

段就显得十分重要，具体方法如下。

（1）正确选择遮挡用树木。一般用绿篱、针叶树类植物进行遮挡。如果希望冬季也遮挡，建议栽植常绿树木，并在其前种上开花类树木引开视线的注意力，以忽略常绿植物的存在（图 2-12）。

（2）正确处理与纵深感的关系。利用这种方法可以遮挡不愿让他人看到的物体。眼睛看不到，各种信息自然就不能摄入进来，也就是说人们无法单纯从表面判断是普通住宅街区还是高级别墅区。遮挡的另一个作用是防止不同风格的事物映入庭院，影响庭院氛围（图 2-13）。

（3）恰当利用遮挡手法。人类从视觉上接收的信息，并非与看到的信息完全相同。即使眼睛看到很多信息，大脑也未必能完全认知，因为大脑具有选择处理信息的本能。进行绿化设计时可以利用这一原理，设置一些大脑可选择观赏的美丽事物，如完美的树形、花卉，醒目的小品，隐藏不愿让人看到的物品，仔细斟酌各个物品之间的位置关系，营造出相对合理的空间布局。

①平面设计方法。如果进入院门后能直接看到住宅玄关，就不会产生距离感。

图 2-14 入口道路设计

从院门沿着入口道路走到住宅玄关的这一段，可以根据距离长短设置迂回路线，或者栽植树木以遮蔽视线、隐藏终点（图 2-14）。

②立体设计方法。用构筑物进行遮挡，人们从材质本身就能感受到遮挡的强烈度。混凝土墙、砖墙等重量感较强，会在心理上留下"绝对不让看"的强烈印象，因此，我们可以采用某些设计方法减弱这种强烈感。绿篱等植物在风吹时摇动的姿态给人以柔美的印象。金属网格架等构筑物可透过金属网间隙，让景象若隐若现。藤本植物攀爬在金属网上，不仅能够保证通风，同时若隐若现的部分让人产生一探究竟的欲望。网状物的特点是眼睛与网状物距离较近，人们就能从网格间隙看到另

图 2-15 植物墙

一侧，而离得远，则网状物如墙一般，如果上面再缠绕藤本植物，整体看起来就如同植物墙一般（图 2-15）。

三、若隐若现

从踏入居住用地开始到步入玄关打开大门为止的这一段，一般使用植物"若隐若现"的设计手法。这种手法是在目标物前栽植植物，或者在种植箱内种上季节性花卉，透过细小枝干和花卉的间隙隐约能看到对面，游人在行走过程中风景随之改变，也称为移步换景的动态设计。

1. 沿道路栽植遮挡作用的植物

沿道路栽植遮挡作用的植物是沿道路一侧不设较高的院墙，而利用植物稍作遮挡的方法。在用地的边界部位以混植的方法栽植植物，利用针叶树和落叶树的搭配混合营造出若隐若现的感觉。靠近栽植的中心部位栽植针叶树，其周边以不等边三角形栽植落叶树（图 2-16）。

2. 移步换景

从院门到玄关的道路用于提示人们通往玄关，可利用正面的景观树作引导，使人跟着导向树依次绕行，走到玄关。这种设计手法使目的地在树木之间若隐若现，让入口通道充满了神秘感和季节情趣（图 2-17）。

图 2-16 行道树

图 2-17 景观导向树

行　道　树

行道树是庭院道路的绿化支柱，同时也是住宅小区内人员出行感触最为深刻的亮点，直观反映庭院及整个小区风貌，因而越来越受到人们的关注。

行道树的选择标准如下：生命力旺盛，能适应当地生长环境，移植时成活率高，生长迅速，枝叶繁茂；能适应粗放管理，对土壤、水分、肥料要求不高，耐修剪，病虫害少，抗性强；树干端直，分枝点较高，冠大荫浓，树冠优美，花、果、枝叶无不良气味，株形整齐，观赏价值较高，最好叶片秋季变色，冬季可观树形、赏枝干。我国各地选用的行道树主要有水杉、云杉、木瓜、垂柳、合欢、雪松等。

四、隔景

对不同功能的空间加以分隔的方法叫隔景。如果用构造物作分隔，用地就会显得拥挤。从通风角度来看，也会影响到植物的生长环境。

隔景是视线被阻挡但又隔而不断的空间，景观互相呼应。隔景通常有实隔、虚隔和虚实隔三种手法。所谓虚实主要依隔景所用的材料而定，实墙、山体、建筑物等为实隔；水面、通廊、花架、漏窗、疏林、雕塑艺术造型等为虚隔；二者兼而有之，则为虚实隔。

若考虑分隔感觉不强烈的分隔方法，可利用植物作分隔。植物的密度和高度能表现出强弱不同的分隔状态。用绿篱作完全分隔后，在其前面放置盆栽植物，不仅划分了空间，也调节了空间氛围。另外，植物能在实际效果上起到分隔作用，但由于它能与周边的景色融为一体，人们不易察觉到明显的区域分隔。植栽树木的高度、厚度、类型等都是构筑物无法表现出来的隔景方法。

1. 完全隔景

(1) 多层次隔景。用绿篱作隔景不仅要考虑功能性，还必须考虑到四季的自然变化。另外，绿篱长大后根茎部位会露出枝干，一些小动物很容易窜进去。此时，可以改变绿篱的高度、增加它的厚度，在绿篱前种上矮木、灌木、草丛等植物使其变为多层次的隔景。这一设计也能为街区增添绿意，提升环境价值(图2-18)。

(2) 用宽阔的地被类植物作隔景。这样看起来好像是植物摆放在地面上，但由于栽植的是不可踩踏的草本花卉，阻止了人们踏入，从而达到了隔景的效果(图

图 2-18　绿篱灌木

图 2-20　部分隔景

34

图 2-19　地被植物

2-19)。

2. 部分隔景

运用景观树木明确划分所有的区域，把各个功能区都分得清清楚楚，有时会让人感觉无趣而生硬。树木按照一定的序列栽植，不仅可以作为风景来观赏，而且在空间功能上也起到了隔景的作用，这种设计手法让隔景具有设计感，也能表现出季节感、纵深感，在庭院景观设计中效果较为明显（图 2-20）。

五、围景

园林景观学家 J.O. 西蒙兹说过："空间因围合而出现。围合方式的形态与材质决定了空间的品质。"纵横交错的方孔竹篱笆属于轻度围合，而城墙则是一种戒备

森严的围合。围合不仅为明确空间领域而存在，也是人们精神寄托的场所。

人会本能地将围合空间作为居所。在建筑中设置的凹空间能给人带来舒适的感受。庭院也是如此，刻意设置的围合空间会让人产生舒适感，对整个庭院产生良好的印象。西蒙兹也说过："立体围合程度不同，空间本身的体量感会发生变化。"即便是狭小的用地，也可用植物遮挡围合之外的空间，使其内部给人别有洞天的感觉。

1. 庭院背景用木栅栏

近几年，木栅栏备受青睐，原因是木栅栏围合出的空间不生硬，与远景及街景都比较协调，同时因与植物相融，自然而然地成为庭院中的组成部分。位于南侧庭院的围合设计要注意通风、日照方向（图 2-21）。

2. 确保私密的围景的作用

通常朝南的客厅对面是邻家的北侧（背面），因而每天透过客厅就能看到邻家的挡土墙和砖墙，这种情况可以使用较高的木栅栏以确保隐私（图 2-22）。

在环境绿化设计的过程中，合理运用

图 2-21 庭院木栅栏背景

图 2-22 私密围景

上述绿化设计手法能使周围环境更宜人。

　　植物是构成环境绿化的基础素材，占地比例最大。有了植物，城市规划艺术和建筑艺术才能得到充分表现。由植物构成的空间，其景观变化在空间、时间和色彩上都极为丰富，其质量与美学价值都提高了城市建设的档次，尤其体现在由乔木构成的环境上。树木越大，环境效益也越大，美学价值也越高。因此，植物景观是城市环境绿化的重要环节。

六、绿篱

　　由灌木或小乔木密植而形成的篱垣，栽植成单行或双行的紧密结构的规则种植形式，称为绿篱或绿墙。绿篱的高度为 0.2 ~ 1.5 m，高度超过人们视线的绿篱被称为绿墙（图 2-23）。

　　用作绿篱的树种一般都采用耐修剪、多分枝和生长较慢的常绿树种，如杜松、女贞、小檗、圆柏、黄杨、枸杞、三角花、七里香、木槿、珍珠梅、黄刺玫、珊瑚树。

　　绿篱的种类很多，按照形式分为不加人工修剪的自然式、经人工修剪的规则式和自由式 3 类。按照观赏性和用途分为绿篱、花篱、编篱、蔓篱、刺篱、观果篱、

图 2-23 绿篱

落叶篱等。而绿篱也可以按其高度分为高、中、矮 3 种，高篱高度为 1.5 m 以上，中篱高度为 1 ~ 1.5 m，矮篱高度为 0.2 ~ 1 m。

　　绿篱的主要作用如下。

　　(1) 围护作用。在环境绿化中常以绿篱作为分界和防护的边界，可用刺篱、高篱或在绿篱内加铁丝刺网。绿篱可以起到保护草地和花卉的作用（图 2-24）。

　　(2) 作为绿化景区的区划线。以中篱作为分界线，以矮篱作为花境的边缘、花坛和观赏草坪的造型花纹。常用的装饰性的矮篱可选用的植物种类有雀舌黄杨、七里香、冬青、大叶黄杨、日本花柏、桧柏等。

　　(3) 分隔空间和屏障隔离。在自然式布局中，有一些功能性的局部规则式的空间，可用绿墙隔离，使对比强烈、风格不同的布局形式得到缓和。在一些容易产生噪音但又距离休息区较近的地方，可以用绿篱或用常绿树组成高于视线的绿墙，减少噪声的干扰 (图 2-25)。

　　(4) 作为喷泉、花境、雕塑的背景。环境绿化景区中通常把绿树修剪成各种形式的绿墙，作为喷泉和雕像的背景。为了起到互相衬托作用，绿墙切不可与喷泉和雕像一样高，不分主次。色彩方面，宜选用没有反光的深绿色树种作为浅色喷泉水和浅色雕像的背景色，以产生强烈的深浅对比，更加突出喷泉和雕像的主导作用。如果雕像由深色或黑色的材料制成，后面的背景绿墙可考虑用浅色树种作衬托。总之，根据具体情况具体处理，以突出主题、相辅相成、相得益彰为目标 (图 2-26)。

　　(5) 美化挡土墙。在各种绿化环境中，很多地段高差不同，在两块不同高度的高地之间的挡土墙，尤其是城市中的山包和土岗劈开造路而形成的挡土墙，为

图 2-24　围护

图 2-25　分隔空间

(a)   (b)

图 2-26　作为陪衬

图 2-27　美化环境

避免其立面枯燥，常在挡土墙前方栽植绿篱，美化立面，使之成为一道美丽的风景线。

　　绿篱内可以增加开花灌木，绿篱宽度为 5 m 时，可以在绿篱内部配植开花的亚乔木和针叶树，当绿篱的宽度大于 5 m 时，可以在两侧栽植大乔木以减少酷夏烈日曝晒（图 2-27）。

第三节
空间设计形式

　　人类创造空间是对周围环境施加的有意识的自然行为。在改造环境的过程中，把一些事物连接在一起，使之构成生机勃勃的空间，这就是环境绿化设计的内涵。景观期望创造空间，与建筑空间不同的是，环境绿化设计没有顶，没有屋面。其中的景观项目，比如花园、公园、庭院、街道等，它们的尺度与外观都是独立的，只有天空是统一的颜色。因此，景观是在地面、垂直面及天空之间创造的空间。

人与空间有着密不可分的联系。空间的效果几乎不依赖于尺寸，实际上，空间传达的感觉，无论狭窄与否，开放与否，取决于观察者与空间中构成边界的实体的距离及观察者眼睛与实体的高差。评价一个空间是否均衡的标准就是人与空间的比例（图2-28）。

一、空间设计手法

空间没有确定的大小、形状、色彩和质感，它完全是人类根据自身的发展和审美的需要而规划限定出来的客观存在，是通过围合、分隔以及空间组合的方法达到设计者目的的空间。从建筑设计的角度来看，空间一般是指通过墙体围合起来的建筑物所形成的区域。空间的概念延伸到环境绿化设计中，是指通过前述的景观材料和景观细部等结合起来所形成的区域或场所。景观空间通过使用不同的景观材料，如青砖、石材、不锈钢及玻璃等，带给观赏者不同的空间风格和品味，如中式、欧式、现代、传统等。景观空间通过不同景观的细部组合，形成了空间的不同功能、形式和特色。

如苏州博物馆的空间中庭，通过铺装、植物等景观材料与石景、水景、亭台等景观细部共同形成了一个将中国传统与现代融为一体的景观空间。中国的地域广阔，景观空间的尺度一般大于建筑设计和室内设计的尺度，综合考虑山水、绿化、建筑和休闲活动场所的尺度显得尤为重要（图2-29～图2-32）。

1.空间的对比与变化

两个毗邻的空间，如果在某一方面呈现出明显的差异，这种差异性可以反衬出各自空间的特点，从而使人们从一个空

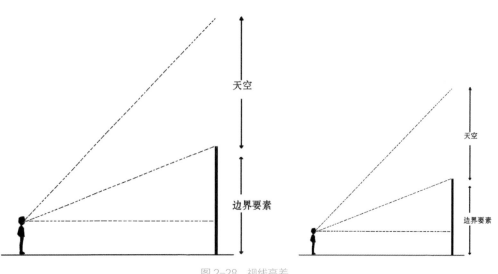

图2-28 视线高差

图 2-29　景观铺装

图 2-31　景观水景

39

图 2-30　景观石景

图 2-32　景观亭台

间进入另一空间时产生情绪上的突变与快感。空间的差异性和对比作用通常表现在4个方面：高大与低矮之间、开敞与封闭之间、不同形状之间、不同方向之间。

2. 空间的重复与再现

同一种形式的空间，如果连续多次或有规律地重复出现，可以形成一种韵律感和节奏感。但这种重复运用并非为了形成一个统一的大空间，而是为了与其他形式的空间互相交替、穿插组合成为整体。人们在连续的行进过程中，通过回忆可以感受到由于某一形式空间的重复出现，或由于重复与变化的交替出现而产生的一种节奏感（图2-33）。

3. 空间的衔接与过渡

如果以简单的方法将两个大空间直

图 2-33　空间的重复

接连通，常常使人感到单薄或突兀，不能给人留下深刻的印象。这时就需要发挥过渡性空间的作用，使得人们从一个大空间到另一个大空间时必须经历由大到小再到大、由高到低再到高、由亮到暗再到亮的过程。

4. 空间的引导与暗示

在空间处理过程中，有时需要采取措

庭院空间可以削弱建筑间的冲突，特别是在处理新老建筑间的关系上，它可以成为两者的对话和联系空间。

施对人流量加以引导或暗示，使人们按照设计师的意图沿着一定的路径达到预期的目标。这种处理方法自然、巧妙、含蓄，可以使人不经意沿着一定的方向或路线从一个空间依次走向另一个空间。

二、空间的分类

1. 按照空间使用分类

(1) 公共空间。公共空间指在城市或城市群中，在建筑实体之间存在的开放空间体，是城市居民公共交往、举行各种活动的开放性场所，如公园、广场等人流量大的场地，其目的是为广大公众服务 (图 2-34)。

(2) 半公共空间。半公共空间是在建筑实体与建筑物内部的半开放空间，具有会客会友功能的共享空间，如私家庭院、露天阳台等 (图 2-35)。

(3) 私密空间。私密空间特指卧室、梳妆间、衣帽间、浴室等个人活动性较强的私人空间 (图 2-36)。

(4) 专属空间。专属空间指属于自己独立的个人空间，如书房、独立办公室等 (图 2-37)。

2. 按照空间的边界形态分类

(1) 封闭空间。封闭空间主要指不对外开放的私密空间。

(2) 开放空间。开放空间包括城市公共开放空间和用地单位在建设用地范围内开辟的公共开放空间。城市公共开放空间包括公共绿地、城市水体和城市广场等。城市公共开放空间的分布与规模应结合相应层次的城市规划协调确定。

图 2-34 公共空间

图 2-36 私密空间

图 2-35 半公共空间

图 2-37 专属空间

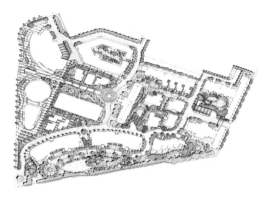

图 2-38 加法空间

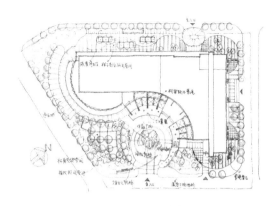

图 2-39 减法空间

(3)灰空间。灰空间也称泛空间，最早由日本建筑师黑川纪章提出，本意是指建筑与其外部环境之间的过渡空间，它的存在是为了达到室内外环境融和的目的，比如建筑入口的柱廊、檐下等，也可理解为建筑群周边的广场、绿地等。

3.按空间的组合方式

(1)加法空间。加法空间指从心理角度感觉到空间增大，空间由小到大（图2-38）。

(2)减法空间。减法空间指从视觉上对空间进行分割、划分，空间由大到小（图2-39）。

空间的合理设计与划分能为人们带来视觉上和心理上的独特感受，能够美化并改善人们的生活环境。好的设计能给城市带来新的发展，还可能成为一个城市的象征。

第四节 案例分析
——良渚文化村街区绿化

良渚文化村由万科集团开发，总建筑面积达 340 万平方米。良渚文化村的村落概念、村民文化颠覆了都市和村庄的概念，让人重拾对传统的情感，重新认识和思考以村庄为表征的传统文化的价值（图2-40）。

随着国家城镇化建设的快速发展，小城镇的绿化设计日益显现。良渚文化村的规划以新都市主义为理论基础，这一理论的特点是"限制城市边界、建设紧凑型城市""继承传统、复兴传统开发""以人为本、建设充满人情味的新社区"，提倡"尊重自然，回归自然""健康的生活方式""回归传统的邻里关系"以及"实现社会平等和公共福利的提高"（图2-41）。

在功能分区上，良渚文化村主要由住宅、商业空间和售楼处（今后将成为一个小型艺术中心）三部分组成。住宅户型以 90 m² 为主，关注生活的私密性和居住的舒适性，将更多的社交功能释放到社区的公共空间，这些公共空间以主题性商业为主，辅以生活配套和休闲设施。其商业的整体规划借鉴了东京茑屋书店的概念，有时尚的咖啡馆、花店、宠物美容店、餐厅等体现生活方式的店铺，也有书店、小型博物馆和大片的绿地空间以及欢乐的儿童乐园，以期营造出复合式的文化生活空

42

图 2-40　良渚文化村街区

图 2-41　布局规划

(a)

(b)

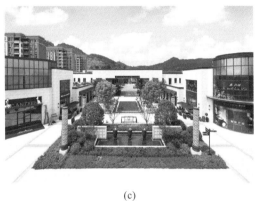

(c)

(d)

图 2-42 功能分区设计

间。这里的商业已不仅仅只满足社区居民的需求，因其独有的特色和环境，还将辐射临近的文化村和更远的市区居民（图2-42）。

在绿化设计上，良渚文化村的主要景观由矿坑公园、商业街的小品、绿色屋顶及住区内的绿化组成，既有人工景观，也有自然景观。自然景观主要以当地的特色为主，加以修饰。人工绿化则采用移步换景的设计方式，让人在每个区域都能欣赏到别样的景致，同时起到引导作用（图2-43、图2-44）。

图 2-43 街道绿化

图 2-44 绿化植物

44

现代绿化植物配置的艺术特点

(1) 充分发挥地被植物的作用，做到裸土不见天。

(2) 建立草坪，使景区环境洁净。不具备挖池条件的地方可用草坪代替水池，也可取得开阔、明朗的效果。尤其在住宅区内，建立草坪比水池更为适宜。

(3) 市区内留出大面积的空地种植草皮和不同品种的果树，配置人工群落，充分发挥植物群落的作用，只有重点的地方才精雕细琢，追求植物的个体美，以实现城市的绿化和果林化，增加城市的景观。合理设置大面积绿化，除了美化环境外，还给城市发展留下了空间，调活了城市的布局，增强了城市的呼吸功能。

(4) 培养林荫大树，一是荫蔽需要，二是构景需要，三是给后代留下古树名木以见证历史，四是为了减少城市发展的热污染及空气工业污染。

(5) 增设疏林草地和林中草地，为人们的户外活动提供良好的场所。

(6) 丰富城市环境的绿化色彩，除了开花的乔木、灌木外，要充分发挥草花的作用，尤其注意不同季节的花木搭配，做到月月有绿、季季有花。

(7) 大量应用攀缘植物作垂直面绿化，构成绿屏、绿廊和花架，并用它攀缘墙面、电线杆、岩石以上的岸壁，起到美化环境、增强绿化效益、弥补空间缺陷等作用。

(8) 广泛应用基础栽植以缓和建筑线条，丰富建筑艺术，增加风景美，并作为建筑空间向园林空间过渡的一种形式。

思考与练习

1. 绿化设计功能分区的意义是什么?

2. 功能分区主要划分为哪几类? 主要特点是什么?

3. 在功能分区设计时需要注意哪些问题?

4. 绿化布局的方法有哪些?

5. 植物造景的特征是什么?

6. 在日常生活中, 绿篱发挥了什么作用?

7. 请简单阐述空间设计的形式有哪些。

8. 空间设计分类主要的作用是什么? 对我们的生活有什么好处?

9. 请就某地的一处景观, 从功能分区与绿化布局的角度进行分析。

10. 以当地博物馆周边的绿化为例, 从空间设计以及设计形式上进行分析说明。

第三章

常见绿化植物

学习难度：★★☆☆☆

重点概念：植物分类、搭配手法、应用景观

章节导读

　　绿化植物分类的标准有很多：根据植物阻挡视线的程度，将植物分为贴于地表的地被、围合或限制空间的绿篱、覆盖遮阴的高大乔木等；根据植物品种分为草坪、盆花、灌木、乔木、水生、观花植物等；根据植物落叶与否可分为常绿和落叶等。了解植物的相关知识将有助于绿化设计，营造出人与自然共生的和谐环境（图 3-1）。

图 3-1　常见绿化植物

第一节
常 见 乔 木

有直立主干且通常高达六米至数十米的木本植物称为乔木。乔木树身高大，树干和树冠有明显区分。乔木依其高度可分为伟乔、大乔、中乔、小乔四级（表3-1）。

表3-1 乔木高度分类

名称	高度（m）
伟乔	＞31
大乔	21～30
中乔	11～20
小乔	6～10

乔木与低矮的灌木相对应，通常见到的高大树木都是乔木，如酸角、木棉、松树、玉兰等。乔木按冬季或旱季落叶与否又分为常绿乔木和落叶乔木。乔木分布广泛，无论是环境温暖、湿润的地区，还是戈壁滩、沙漠等环境恶劣的地区都有乔木分布。

一、常绿乔木

常绿乔木指终年具有绿叶且株型较大的木本植物。这类植物的叶寿命是两三年或更长，并且每年都有新叶长出，在新叶长出的时候也有部分旧叶脱落，所以终年都能保持常绿。此种类树木北方偏少，南方偏多。常见的常绿乔木有以下10种。

1. 广玉兰

广玉兰喜光，而幼时稍耐阴，喜温湿气候，有一定抗寒能力，适生于干燥、肥沃、排水良好的微酸性或中性土壤，在碱性土种植易发生黄化，忌积水、排水不良。广玉兰对烟尘及二氧化硫有较强抗性，病虫害少，根系深广，抗风力强，可用作道路绿化净化空气，保护环境。由于其花朵较大，形似荷花，广玉兰故又称"荷花玉兰"，可入药（图3-2、图3-3）。

2. 云杉

云杉别名茂县云杉、茂县杉等，为乔木。云杉耐阴、耐寒，喜欢凉爽湿润的气候和肥沃深厚、排水良好的微酸性砂壤土，生长缓慢，属浅根性树种。云杉树皮

图3-2 广玉兰

图3-3 广玉兰培育

48

图 3-4 云杉

图 3-5 雪松

图 3-6 大叶女贞

呈淡灰褐色，裂成不规则鳞片脱落。云杉可高达 45 m，胸径达 1 m，多生长在海拔 2400 ~ 3600 m 地带（图 3-4）。

3. 雪松

雪松树冠呈尖塔形，大枝平展，小枝略下垂。叶呈针形，长 80 ~ 600 mm，质硬，一般为灰绿色或银灰色，在长枝上散生，在短枝上簇生，在 10—11 月开花。球果翌年成熟，呈椭圆状卵形，熟时呈赤褐色。雪松是世界著名的庭园观赏树种之一。它具有较强的防尘、减噪与杀菌能力，也适宜作工矿企业绿化树种。

雪松树体高大，树形优美，适宜孤植于草坪中央、建筑前庭中心、广场中心或主要建筑物的两旁及园门的入口等处。其主干下部的大枝自近地面处平展，长年不枯，能形成繁茂雄伟的树冠。此外，雪松列植于园路的两旁，形成甬道，亦极为壮观（图 3-5）。

4. 大叶女贞

大叶女贞，又名高杆女贞、冬青、桢树、长叶女贞、蜡树、水蜡等。女贞枝叶清秀、适应性强、喜光、稍耐阴；喜温暖湿润气候、稍耐寒，不耐干旱和瘠

薄，适生于肥沃深厚、湿润的微酸性至微碱性土壤；根系发达；萌蘖、萌芽力均强，耐修剪；对氯气、二氧化硫和氟化氢等有毒气体有较强抗性。大叶女贞具有药用价值：叶可治疗口腔炎、咽喉炎；树皮研磨可治疗烫伤；根茎泡酒可治风湿。

大叶女贞四季常绿，夏日白花满树，具有很高的观赏价值；可孤植或丛植于庭院、草地观赏，也是优美的行道树和园路树；性耐修剪，亦适宜作为高篱，并可修剪成绿墙（图 3-6）。

5. 棕榈树

棕榈树属于常绿小乔木，喜温暖湿润气候，喜光；耐寒性极强，稍耐阴；适生于排水良好、湿润肥沃的中性、石灰性或微酸性土壤，耐轻盐碱，也耐一定的干旱

图 3-7 棕榈树

图 3-8 酸角树

图 3-9 酸角

与水湿，抗大气污染能力强，遇风易倒，生长慢。

棕榈树常栽植于庭院、路边及花坛之中，树势挺拔，叶色葱茏，适于四季观赏。木材可以制器具，棕榈叶鞘为扇形，有棕纤维，可制扇、帽等工艺品，根可入药。单子叶植物中的棕榈科植物以其特有的形态特征构成了热带植物特有的景观（图3-7）。

6. 酸角树

酸角树属深根性树种，根系发达，具有根瘤菌。其树体强壮，枝条柔软，很少受强风影响，实为抗飓风树，较适宜在干旱热带草原和排水良好的季风区生长。酸角树主干短，树冠开展呈伞形，空气可畅通叶间。酸角树因其树姿、叶茂、花色等的巧妙组合形成独特的观赏效果，在园林绿化中具有重要的地位，是优良的庭院和街道绿化树种，还可作为草坪风景树孤植，具有极高的观赏价值（图3-8、图3-9）。

7. 冬青

冬青喜温暖气候，但有一定耐寒力，适生于肥沃湿润、排水良好的酸性土壤。

它较耐阴湿，萌芽力强，耐修剪。叶为薄革质，有光泽，呈狭长椭圆形或披针形，顶端渐尖，基部楔形，边缘有浅圆锯齿，干后呈红褐色。花瓣呈紫红色或淡紫色，向外反卷。果实呈椭圆形或接近球形，成熟时呈深红色。

冬青也适宜在草坪上孤植，列植于门庭、墙际、园道两侧，或散植于叠石、小丘之上。冬青常采取老桩或抑制生长的方式使其矮化，常用于制作盆景（图3-10、图3-11）。

8. 香樟树

樟树多喜光，稍耐阴，喜温暖湿润气候，耐寒性不强，适生于砂壤土，较耐水湿，但移植时要控制土壤湿度，水涝容易导致烂根，但不耐干旱、瘠薄和

图 3-10　冬青

图 3-11　冬青果

51

盐碱土。

香樟树树形巨大如伞，能遮阴避凉。它存活期长，可以生长为千年的参天古木。香樟树有很强的吸烟滞尘、涵养水源、固土防沙和美化环境的能力，是城市绿化的优良树种，广泛作为庭荫树、行道树、防护林及风景林，常种植在小区、园林、事业单位、工厂等地方（图 3-12）。

图 3-12　香樟树

9. 红皮云杉

红皮云杉喜空气湿度大、土壤肥沃而排水良好的环境，较耐阴、耐寒，也耐干旱，生长比较快。树冠呈尖塔形，大枝斜伸或平展，小枝上有明显的木针状叶枕。芽呈圆锥形、叶锥形，先端尖，多辐射伸展，横切面呈菱形，四面有气孔线。球果呈卵状圆柱形，熟后呈黄褐色或褐色。种子呈三角倒卵形，种子上端有膜质长翅。红皮云杉可作为东北地区的造林树种（图 3-13、图 3-14）。

图 3-13　红皮云杉

10. 侧柏

侧柏性喜光，幼时稍耐阴，适应性强，对土壤要求不严，可在酸性、中性、轻盐碱土壤生长，耐干旱、瘠薄，萌芽力强，耐寒力中等，耐强光。球果近卵圆形，长 15 ～ 25 mm，成熟前近似肉质，呈蓝绿

图 3-14　红皮云杉球果

色（图 3-15、图 3-16）。

侧柏耐旱，常为阳坡造林树种，也是常见的庭园绿化树种。侧柏的木材可为建筑和家具等用材，叶和枝入药，具有止血、健胃、解毒散淤的功效，种子有安神、滋补强壮之效。

二、落叶乔木

落叶乔木是指每年秋冬季节或干旱季节叶全部脱落的乔木，如山楂树、梨树、苹果树、梧桐树等。落叶是植物减少蒸腾、度过寒冷或干旱季节的一种习性，这一习性是植物在长期进化过程中形成的。落叶现象是因为短日照引起植物内部生长素减少、脱落酸增加，产生离层的结果。常见的落叶乔木有以下 10 种。

1. 银杏树

银杏树为喜光树种，深根性，对气候、土壤的适应性较宽松，能在高温多雨及雨量稀少、冬季寒冷的地区生长，但生长缓慢或发育不良。它能生长于酸性土壤、石灰性土壤及中性土壤，但不耐盐碱土及过湿的土壤。

银杏树的果实俗称白果，因此银杏树又名白果树。银杏树生长较慢，寿命极长，在自然条件下，从栽种到结果要二十多年，四十年后才能大量结果，因此又有人把它称作"公孙树"，有"公种而孙得食"的含义，是树中的老寿星，具有观赏、经济、药用等价值（图3-17、图 3-18）。

2. 梧桐树

梧桐树喜光，适生于肥沃、湿润、碱性的砂壤土。根呈肉质，不耐水渍，植根

52

银杏出现在几亿年前，是裸子植物中最古老的孑遗植物。

图 3-15　侧柏

图 3-16　侧柏球果

图 3-17　银杏树

图 3-18　银杏树球果

粗壮，萌芽力弱，一般不宜修剪。梧桐树生长快，寿命较长，能存活百年以上。

梧桐树树干高大而粗壮，枝叶茂盛，树冠呈卵圆形，树干端直，树皮青绿平滑，侧枝粗壮，翠绿色。它生长迅速，易成活，耐修剪，对二氧化硫、氯气等有毒气体有较强的抗性，所以广泛栽植作为行道绿化树种，也可作为速生材树种。叶、花、根及种子均可入药。梧桐树常栽植于园林、小区、事业单位、工厂等地方（图3-19、图3-20）。

3. 梨树

梨树为喜光果树，年日照应在1600～1700小时之间，对土壤的适应性强，要求土层深厚，土质疏松、透水、保水性能好，以地下水位低的砂壤土最为适宜。在

幼树期主干树皮光滑，树龄增大后树皮变粗、纵裂或剥落。梨树具有重要的生态价值和观赏价值，可作为行道树，在城乡园林绿化中广泛应用（图3-21、图3-22）。

4. 白杨树

白杨树性喜光，不耐阴，耐严寒，在零下40℃的条件下无冻害，耐干旱气候，但不耐湿热，且主干弯曲，常呈灌木状。白杨树耐轻碱土，耐含盐量在0.4%以下的土壤，但在黏重的土壤中生长不良；深根性，根系发达，固土能力强，根蘖强；抗风、抗病虫害能力强；寿命在90年以上。

白杨树树形高大，在阳光照射下，微风中摇曳的银白色叶片有特殊的闪烁效果，可作庭荫树、行道树，丛植于草坪，

53

图3-19　梧桐树

图3-21　梨树

图3-20　梧桐花

图3-22　梨子

图 3-23　白杨树

图 3-24　国槐

还可作固沙、保土、护岩固堤及荒沙造林树种(图 3-23)。

5. 国槐

国槐树皮呈灰褐色，具有纵裂纹。当年生枝干呈绿色，无毛。羽状槐树复叶长达 250 mm，叶轴初被疏柔毛，旋即脱净，叶柄基部膨大，包裹着芽；托叶形状多变，有时呈卵形、叶状，有时呈线形或钻状。

国槐是庭院常用的特色树种，其枝叶茂密，绿荫如盖，适作庭荫树，在中国北方多用作行道树，配植于公园、建筑四周、街坊住宅区及草坪上。龙爪槐是国槐的芽变品种，宜对植、列植或孤植于亭台或山石旁，也可作工矿区绿化之用。夏秋可观花，并且为优良的蜜源植物。花蕾可作染料，果肉能入药，种子可作饲料等。国槐也能防风固沙，对二氧化硫、氯气等有毒气体有较强的抗性，是用材及经济林兼用的树种，是城乡良好的庭荫树和行道树种，国槐也可以作为混交林的树种(图 3-24、图 3-25)。

6. 青檀树

青檀树性喜光，抗干旱、耐盐碱、耐

图 3-25　槐花

土壤瘠薄、耐寒，不耐水湿，根系发达，对有害气体有较强的抗性。青檀树常生于山麓、林缘、沟谷、河滩、溪旁及峭壁石隙等处，成小片纯林或与其他树种混生。

青檀树是珍贵稀少的乡土树种，树形美观，树冠球形，树皮暗灰色，片状剥落，千年古树蟠龙穿枝，形态各异，秋叶金黄，季相分明，极具观赏价值。青檀可孤植、片植于庭院、山岭、溪边，也可作为行道树成行栽植，是不可多得的园林景观树种。青檀树寿命长，耐修剪，也是优良的盆景观赏树种(图 3-26、图 3-27)。

7. 核桃树

核桃树高度一般在 2 ~ 10 m 之间，高者或有十几米，树冠广阔，幼时树皮呈

图 3-26　青檀树

图 3-27　青檀树种子

灰绿色，老时则呈灰白色而纵向浅裂；小枝无毛、具光泽。核桃树性喜温暖、怕霜冻，常见于山区河谷两旁土层深厚的地方，适生于土壤深厚、疏松、肥沃、湿润，气候温暖凉爽的环境。核桃树树冠雄伟、树干洁白、枝叶繁茂、绿荫盖地，在园林中可作道路绿化，具有防护作用（图 3-28、图 3-29）。

8. 合欢树

合欢树又名绒花树、马缨花，属于落叶乔木，夏季开花，头状花序，合瓣花冠，雄蕊多条，呈淡红色。荚果呈条形，扁平，不裂。树高 4~15 m，树冠开展；小枝有棱角，嫩枝、花序和叶轴被绒毛或短柔毛。托叶呈线状披针形，头状花序于枝顶排成圆锥花序，花粉为红色，花萼呈管状；花期在 6 月，果期在 8—10 月。合欢树喜温暖湿润和阳光充足的环境，对气候和土壤适应性强，宜在排水良好、土壤肥沃的地方生长，也耐瘠薄土壤和干旱气候，但不耐水涝。合欢树生长迅速，可用作园景树、行道树、风景区造景树、滨水绿化树、工厂绿化树和生态保护树等（图 3-30、图 3-31）。

9. 白桦

白桦喜阳光且生命力强，常形成大片的白桦林，是形成天然林的主要树种之一。白桦高可达 27 m；树皮呈灰白色，

合欢树有很高的观赏和医疗价值。它是一种敏感性植物，是地震观测的首选品种。

图 3-28　防护林

图 3-29　核桃果实

图 3-30　合欢树

图 3-32　白桦林

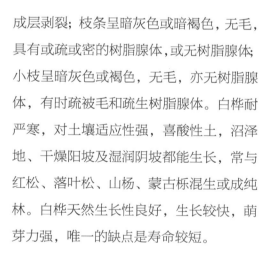

图 3-31　合欢花

图 3-33　白桦林景观

成层剥裂；枝条呈暗灰色或暗褐色，无毛，具有或疏或密的树脂腺体，或无树脂腺体；小枝呈暗灰色或褐色，无毛，亦无树脂腺体，有时疏被毛和疏生树脂腺体。白桦耐严寒，对土壤适应性强，喜酸性土，沼泽地、干燥阳坡及湿润阴坡都能生长，常与红松、落叶松、山杨、蒙古栎混生或成纯林。白桦天然生长性良好，生长较快，萌芽力强，唯一的缺点是寿命较短。

白桦枝叶扶疏，姿态优美，树干修直，洁白雅致，十分引人注目，常孤植或丛植于庭园和公园的草坪、池畔、湖滨，或列植于道旁，均颇美观。在山地或丘陵坡地成片栽植，可形成美丽的风景林（图 3-32、图 3-33）。

10. 楝树

楝树性喜温暖、喜光、不耐阴，生于湿润气候地带，较耐寒，但华北地区幼树易受冻害。楝树在酸性、中性和碱性土壤中均能生长，在含盐量 0.45% 以下的盐渍地中也能生长良好，耐干旱、瘠薄，也能生长于水边，在深厚、肥沃、湿润的土壤中生长较好。

楝树耐烟尘、抗二氧化硫能力强，并能杀菌，适宜作庭荫树和行道树，是城市及矿区良好的绿化树种。楝树与其他树种混栽，能起到防治树木虫害作用。在草坪中孤植、丛植或配置于建筑物旁都很合适，也可种植于水边、山坡、墙角等处（图 3-34、图 3-35）。

图 3-34　楝树

图 3-35　楝树花

乔木的移植方法

1. 掘苗

对胸径 30 ～ 100 mm 的乔木，可于春季化冻后至新芽萌动前或秋季落叶后，在地面以胸径的 8 ～ 10 倍为直径画圆断侧根，再在侧根以下 400 ～ 500 mm 处切断主根，打碎土球，将植株顺风向斜植于假植地，保持土壤湿润。运输时要将根部放在车槽前，枝干稍向后斜向安置。

2. 挖穴

依胸径大小确定栽植穴直径，土质疏松肥沃处树穴可小些，在石砾土、城市杂土处树穴应大些，但最小也要比根盘的直径大 200 mm，树穴深则不小于 500 mm。

3. 定植

于穴中先填 150 ～ 200 mm 厚的松土，然后将苗木直立于穴中，使基部下沉 50 ～ 100 mm，以求稳固，然后在四周均匀填土，随填随夯实，填至距地面 80 ～ 100 mm 时开始做堰，堰高不低于 200 mm，并设临时支架防风。

4. 浇水

定植后及时浇头遍水至满堰，第三日再浇水，第七日浇第三遍水，水下渗后封堰。天气过于干燥时，过 10 ～ 15 天仍应开堰浇水，然后再封口。

5. 修剪

修剪于掘苗后进行，有主导枝的树种，如杨树、银杏、杜仲等，只将侧枝短截至 150 ～ 300 mm，而不动主导枝；无主导枝的树种，如国槐、刺槐、泡桐等，由地面以上 2.6 ～ 3 m 处截干，促生分枝；垂枝树种，如龙爪槐、垂直榆等，留外向芽、短截，四周保持长短基本一致，株冠整齐。

小／贴／士

第二节
常见灌木

灌木是指没有明显主干、呈丛生状态、比较矮小的木本植物，一般可分为观花、观果、观枝干等几类。灌木由于体型小巧，多作为园艺植物栽培，用于装点园林。灌木的高度在3~6 m之间，出土后即行分枝。灌木又可分为常绿灌木与落叶灌木两大类。

一、常绿灌木

1. 栀子花

栀子花又名栀子、黄栀子，属龙胆目茜草科，喜光照充足且通风良好的环境，但忌强光曝晒，宜种植于疏松肥沃、排水良好的酸性土壤，可用扦插、压条、分株或播种的方式繁殖。

栀子花叶色四季常绿，花芳香素雅，绿叶白花，格外清丽可爱，适用于阶前、池畔和路旁配置，也可用作绿篱和盆栽观赏，花还可作插花和佩戴装饰（图3-36）。

2. 红花檵木

红花檵木性喜光、喜温暖、稍耐阴，阴时叶色容易变绿，适应性强，耐旱，耐寒冷，萌芽力和发枝力强，耐修剪，耐瘠薄，但适宜在肥沃、湿润的微酸性土壤中生长。

红花檵木枝繁叶茂，姿态优美，耐修剪，耐蟠扎，可用于绿篱，也可用于制作树桩盆景，花开时节，满树红花，极为壮观。红花檵木为常绿植物，新叶呈鲜红色，不同株系成熟时叶色、花色各不相同，叶片大小也有不同，在园林应用中主要考虑叶色及叶的大小两方面的不同效果（图3-37）。

3. 金边黄杨

金边黄杨又名金边冬青卫矛、正木、大叶黄杨。它的特点是叶子边缘为黄色或白色，中间黄绿色带有黄色条纹，新叶黄色，老叶绿色带白边。金边黄杨性喜温暖湿润的环境，适应性强，耐干旱、耐寒，栽培简单。金边黄杨的抗污染性也非常好，对二氧化硫有很强的抗性，是污染严重的工矿区首选的常绿植物。

金边黄杨为观叶植物，叶色有光泽，嫩叶鲜绿，其斑叶尤为美观，而且极耐修剪，为庭院中常见的绿篱树种，可环植于门道边或于花坛中心（图3-38）。

图3-36　栀子花

图3-37　红花檵木

图 3-38　金边黄杨

图 3-39　南天竹

4. 南天竹

南天竹别名南天竺、红枸子等，枝干光滑无毛，幼枝常为红色，老后呈灰色。叶互生，集生于茎的上部。南天竹性喜温暖、湿润的环境，比较耐阴，也耐寒，容易养护。栽培土要求肥沃、排水良好的砂壤土。南天竹对水分要求不甚严格，既能耐湿，也能耐旱。花期在 5—7 月。南天竹野生于疏林及灌木丛中，也多栽于庭院，强光下叶色变红。南天竹茎干丛生，枝叶扶疏，秋冬叶色变红，有红果，经久不落，是赏叶观果的佳品 (图 3-39)。

5. 金叶女贞

金叶女贞性喜光，稍耐阴，耐寒能力较强，不耐高温高湿。土壤以疏松肥沃、通透性良好的砂壤土为最好。在京津地区，常植于气候好的楼前避风处，冬季可以保持不落叶。它抗病力强，很少有病虫危害。

金叶女贞用于绿地广场的组字、图案或建造绿篱，还可以用于小庭院装饰，可与红叶的紫叶小檗、红花檵木、绿叶的龙柏、黄杨等组成灌木状色块，形成强烈的色彩对比，具有极佳的观赏效果，也可修剪成球形 (图 3-40、图 3-41)。

6. 八角金盘

八角金盘裂叶约 8 片，看似有 8 个角，因此得名。叶丛四季油光青翠，叶片像一只只绿色的手掌。八角金盘喜温暖湿润的气候，耐阴，不耐干旱，有一定耐寒力，宜种植在排水良好和湿润的砂壤土中 (图 3-42)。

图 3-40　金叶女贞绿篱

图 3-41　球形金叶女贞

八角金盘四季常青，叶片硕大，叶形优美，浓绿光亮，是深受欢迎的室内观叶植物。八角金盘适应室内弱光环境，常作为宾馆、饭店、写字楼和家庭美化常用的植物，或作室内花坛的衬底。八角金盘适宜配植于庭院、门旁、窗边、墙隅及建筑物背阴处，也可点缀在溪流滴水之旁，还可成片群植于草坪边缘及林地，另外还可小盆栽植供室内观赏。由于八角金盘对二氧化硫抗性较强，适于厂矿区、街坊区种植。

图 3-42　八角金盘

7. 金丝桃

金丝桃又名狗胡花、金线蝴蝶、过路黄、金丝海棠等，花集合成聚伞形，花色金黄，其束状雄蕊花丝灿若金丝。

金丝桃花叶秀丽，是南方庭院的常用观赏花木，可植于林荫树下或庭院角隅。该植物的果实为常用的鲜切花材（即红豆），常用于制作胸花、腕花（图 3-43、图 3-44）。

图 3-43　金丝桃

8. 石楠

石楠性喜光，稍耐阴，深根性，对土壤要求不严，但以肥沃、湿润、土层深厚、排水良好、微酸性的砂壤土最为适宜，能耐短期 -15℃的低温，喜温暖、湿润的气候，在焦作、西安及山东等地能露地越冬。石楠萌芽力强，耐修剪，对烟尘和有毒气体有一定的抗性（图 3-45）。

石楠枝繁叶茂，枝条能自然生长成圆形树冠，终年常绿，夏季密生白色花朵，秋后鲜红果实缀满枝头，鲜艳夺目，是极具观赏价值的常绿阔叶乔木，作为庭荫树或绿篱效果都极佳。

图 3-44　红豆

图 3-45　石楠

9. 龟甲冬青

龟甲冬青小枝有灰色细毛，叶小而密，叶面凸起、厚革质，呈椭圆形至长倒卵形。花白色，果呈球形、黑色。龟甲冬青多分布于长江下游至华南、华东、华北部分地区，是常规的绿化苗木。龟甲冬青属于暖温带树种，喜温暖气候，喜光，稍耐阴，较耐寒，适应性强，阳地、阴处均能生长，但以湿润、肥沃的微酸性黄土最为适宜，中性土壤亦能正常生长。

龟甲冬青在环境绿化设计中多作为地被树成片栽植，也可作为彩块及彩条的基础，也可植于花坛、树坛及园路交叉口，观赏效果均佳。因其有极强的生长能力和耐修剪的能力，常作地被和绿篱使用，修剪后轮廓分明，保持时间长，也可作盆栽、盆景或庭植用于观赏（图 3-46）。

10. 黄杨

黄杨喜肥饶松散的土壤，微酸性土壤或微碱性土壤均能适应。盆栽可用熟化的田园土或腐叶土掺拌适量的砻糠灰。黄杨耐阴喜光，在一般室内外条件下均可生长良好。

黄杨盆景树姿优美，叶小如豆瓣，质厚而有光泽，四季常青，可终年观赏。枝叶经剪扎加工，再点缀山石，雅美如画，是家庭培养盆景的优良材料。

黄杨在户外景观中常作绿篱、大型花坛的镶边，修剪成球形或其他形状栽培，也可点缀山石或制作盆景。黄杨木材坚硬细密，是雕刻工艺的上等材料（图 3-47、图 3-48）。

二、落叶灌木

落叶灌木喜光，生长快，耐修剪，可用于庭院和公路绿化。

1. 牡丹

牡丹花色泽艳丽，玉笑珠香，富丽堂皇，素有"花中之王"的美誉。唐代刘禹

图 3-47　球形黄杨

图 3-46　龟甲冬青

图 3-48　黄杨盆景

锡有诗曰："庭前芍药妖无格，池上芙蕖净少情。唯有牡丹真国色，花开时节动京城。"牡丹性喜温暖、凉爽、干燥、阳光充足的环境，也耐半阴，耐寒，耐干旱，耐弱碱，忌积水，怕热，怕烈日直射。牡丹适宜在疏松、深厚、肥沃、排水良好的中性砂壤土中生长，在酸性或黏重土壤中生长不良。

牡丹在环境绿化中一般以规则式、自然式、花台式等形式布置。中国菏泽、洛阳均以牡丹为市花，其他各城市都有牡丹作为观赏植物（图3-49）。

2. 月季

月季被称为花中皇后，又称"月月红"，是常绿、半常绿低矮灌木，四季开花，一般为红色、粉色，偶有白色和黄色。花由内向外，呈发散型，有浓郁香气，可广泛用于园艺栽培和切花。月季的适应性强，耐寒，地栽、盆栽均可。

月季适用于美化庭院、装点园林、布置花坛、配植花篱、制作花架，月季易栽培，可作切花，常用于花束和各种花篮。月季花朵可提取香精，并可入药，也有较好的抗真菌及协同抗耐药真菌活

性。红色切花是情人之间必送的礼物之一，是爱情诗歌的主题（图3-50）。

3. 紫荆

紫荆花呈紫红色或粉红色，2~10朵成束，簇生于老枝和主干上，尤以主干上花束较多，越到上部幼嫩枝条花越少，花通常在叶生长之前开放，但嫩枝或幼株上的花开放时间与叶生长时间相同，花长10~15 mm。紫荆喜光照，是暖带树种，有一定的耐寒性，喜肥沃、排水良好的土壤，不耐淹，萌芽力强，耐修剪。皮果木花皆可入药，其种子有毒。

紫荆宜栽植于庭院、草坪、岩石及建筑物前，用于小区的园林绿化，具有较好的观赏效果（图3-51）。

4. 紫玉兰

紫玉兰又名木兰、辛夷，常丛生，树皮呈灰褐色，小枝呈绿紫色或淡褐紫色，喜温暖湿润、阳光充足的环境，较耐寒，但不耐旱和盐碱，怕水淹，适生于肥沃、排水性好的砂壤土。

紫玉兰是著名的早春观赏花木，早春开花时，满树紫红色花朵，幽姿淑态，别具风情，适用于古典园林中厅前院后

图3-49　牡丹

图3-50　月季

图 3-51 紫荆花

图 3-52 紫玉兰

配植，也可孤植或散植于小庭院内（图3-52）。

5. 迎春花

迎春花别名迎春、黄素馨、金腰带，小枝细长直立或呈拱形下垂，呈纷披状，小叶复叶交互对生，叶呈卵形至矩圆形。花单生在去年生的枝条上，在叶生长之前开放，有清香，呈金黄色，外染红晕，花期在2—4月。迎春花因其在百花之中开花最早，花开后即迎来百花齐放的春天而得名。

迎春花性喜光，稍耐阴，略耐寒，怕涝。在华北地区可露地越冬，要求温暖而湿润的气候，适生于疏松肥沃和排水良好的砂壤土，在酸性土中生长旺盛，在碱性土中生长不良。根部萌发力强，枝条着地部分极易生根。

迎春花宜配置在湖边、溪畔、桥头、墙隅，在草坪、林缘、坡地、房屋周围也可栽植，可供早春观花。迎春花的绿化效果突出，生长速度快，栽植当年即有良好的绿化效果，在各地广泛应用，例如山东、北京、天津、安徽等地，江苏沭阳更是盛产迎春花（图3-53）。

图 3-53 迎春花

6. 紫丁香

紫丁香又称丁香、华北紫丁香、百结、情客、龙梢子。紫丁香原产中国华北地区，在中国已有1000多年的栽培历史，属于名贵花卉。

紫丁香性喜阳，喜湿润而排水良好的土壤，适合庭院栽培。紫丁香在春季盛开时，硕大而艳丽的花序布满全株，芳香四溢，观赏效果甚佳，是庭院栽种的著名花木。

紫丁香植株丰满秀丽，枝叶茂密，且具有独特的芳香，广泛栽植于庭院、机关、厂矿、居民区等地，常丛植于建筑前、茶室凉亭周围，或散植于园路两旁、草坪之中，或与其他种类丁香配植成专类园（图

3-54)。

7. 木槿

木槿小枝密被黄色星状绒毛，叶呈菱形至三角状卵形，对环境的适应性很强，较耐干燥，对土壤要求不严格，稍耐阴，喜温暖、湿润气候，耐修剪，耐热又耐寒。

木槿是庭院很常见的灌木花种，原产自中国中部各省，各地均有栽培。在园林中可做花篱式绿篱，孤植和丛植均可。木槿种子入药，称"朝天子"。木槿是韩国和马来西亚的国花（图3-55）。

8. 金银忍冬

金银忍冬又叫金银木，花两性，花冠合瓣，呈管状或轮生。其果实为暗红色，呈圆形，直径5~6 mm。种子具蜂窝状

浅凹点。

金银忍冬性喜强光，每日接受日光直射不宜少于4小时，稍耐旱，但在微潮偏干的环境中生长良好。金银忍冬喜温暖的环境，亦较耐寒，在中国北方绝大多数地区可露地越冬。

在环境绿化设计中，常将金银忍冬丛植于草坪、山坡、林缘、路边或点缀于建筑周围，观花赏果均可。金银忍冬长势旺盛，枝叶丰满，初夏开花有芳香，秋季红果缀枝头，是良好的观赏灌木（图3-56、图3-57）。

9. 绣球花

绣球花花型丰满，大而美丽，其花色有红有蓝，令人悦目怡神，是常见的盆栽观赏花木。中国栽培绣球花的时间

金银忍冬的果实用来播种繁殖，不能食用。

图3-54　紫丁香

图3-56　金银忍冬

图3-55　木槿花

图3-57　金银忍冬果实

较早，绣球花在明、清时代建造的江南园林中已经出现。绣球花喜温暖、湿润和半阴环境，生长适温为 18~28 ℃，冬季温度不低于 5 ℃。

绣球花可配置于稀疏的树荫下及林荫道旁，片植于阴向山坡。因对阳光要求不高，故适宜栽植于阳光较差的小面积庭院中。在建筑物入口处对植两株，沿建筑物列植一排，丛植于庭院一角，或植为花篱、花境，效果都很理想。如将整个花球剪下，瓶插室内，或悬挂于床帐之内，都是上等点缀品（图 3-58）。

10. 红瑞木

红瑞木树皮呈紫红色，幼枝有淡白色短柔毛，后即秃净而被蜡状白粉，老枝呈红白色，散生灰白色圆孔及略为突起的环形叶痕。冬芽呈卵状披针形，长 3~6 mm，被灰白色或淡褐色短柔毛。

红瑞木喜欢潮湿温暖、光照充足的生长环境，适宜的生长温度为 22~30 ℃。红瑞木喜肥，在排水通畅、养分充足的环境中生长速度非常快。夏季应注意对其排水，冬季在北方有些地区容易遭受冻害。

红瑞木秋叶鲜红，小果洁白，落叶后枝干红艳如珊瑚，是少有的观茎植物，也是良好的切枝材料。景观中多将其丛植草坪上或与常绿乔木相间种植，有红绿相映的效果（图 3-59）。

图 3-58　绣球花

图 3-59　红瑞木

小/贴/士

灌木移植方法

1. 掘苗

植株一般高 10 ～ 25 mm，土球直径按品种、规定而定。

2. 修剪

单干类或嫁接苗，如碧桃、榆叶梅、西府海棠，侧枝应短截；丛生类，如海棠、绣线菊、天目琼花等，通常当时不作修剪，成活后再依实际情况整形。

3. 挖穴

穴径依株高、冠幅、根盘大小而定，通常比土球直径大 50 ~ 200 mm，土质较差的地区穴径适当加大，其他与落叶乔木相同。

第三节
观花类植物

以观花为主的植物花色艳丽，花朵硕大，花形奇异并具香气。观花类植物根据开花季节不同可以划分为不同的种类。

一、春季常见开花植物

1. 水仙

水仙又名中国水仙，是多花水仙的一个变种。水仙于鳞茎顶端绿白色筒状鞘中抽出花茎（俗称箭），一般每个鳞茎可抽花茎 1~2 枝，多者可达 8~11 枝，呈伞状花序，花瓣多为 6 片，花瓣末处呈鹅黄色。水仙性喜温暖、湿润、排水良好的土壤。水仙在中国已有一千多年的栽培历史，为传统观赏花卉，是中国十大名花之一。

水仙只要一碟清水、几粒卵石，置于案头窗台，就能在万花凋零的寒冬腊月展翠吐芳。人们用水仙庆贺新年，作"岁朝清供"的年花。水仙花在室内有良好的观赏性，还能够吸收噪音、废气，释放出新鲜氧气（图 3-60）。

2. 风信子

风信子是多年生草本球根类植物，鳞茎呈卵形，有膜质外皮，皮膜颜色与花色一致。风信子未开花时形如大蒜，原产自地中海沿岸及小亚细亚一带，是目前研究发现的会开花的植物中最香的一个品种。风信子喜阳光充足和比较湿润的生长环境，适于排水良好和肥沃的

图 3-60　水仙花

图 3-61　风信子

砂壤土。

风信子植株低矮整齐，花序端庄，花色丰富，花姿美丽，是早春开花的著名球根花卉之一，也是重要的盆花种类。风信子适于布置花坛、花境和花槽，也可作切花、盆栽用于观赏，有滤尘作用，花香能稳定情绪，消除疲劳。花除供观赏外，还可提取芳香油（图 3-61）。

3. 虞美人

虞美人呈紫红色，基部通常具深紫色斑点。蒴果呈宽倒卵形，长 10~25 mm，无毛，具有不明显的肋。种子多数呈肾状长圆形，长约 1 mm。花期在 5—8 月。虞美人喜阳光充足的环境，喜排水良好、肥沃的砂壤土，不耐移栽，能自播种。

虞美人的花多彩丰富，薄薄的花瓣质薄如绫，光洁似绸，轻盈花冠似朵朵红云，虽无风亦似自摇，风动时更是飘然欲飞，颇为美观，花期长，适宜于花坛、花境栽植，也可盆栽或作切花用。在公园中成片栽植，景色非常宜人（图 3-62）。

4. 杜鹃花

杜鹃花又名映山红、山石榴。相传，古有杜鹃鸟，日夜哀鸣而咯血，染红遍山的花朵，因而得名。杜鹃花一般在春季开花，花色呈红色、淡红色、杏红色、雪青色、白色等，花朵繁茂艳丽。

杜鹃花枝繁叶茂，绮丽多姿，萌发力强，耐修剪，根桩奇特，是优良的盆景材料。景观中最宜在林缘、溪边、池畔及岩石旁成丛成片栽植，也可于疏林下散植。杜鹃也是花篱的良好材料，毛鹃还可经修剪培育成各种形态（图 3-63）。

5. 郁金香

郁金香在世界各地均有种植，是荷兰、新西兰、伊朗、土耳其、土库曼斯坦等国的国花，被称为"世界花后"，是时尚和国际化的一个符号。花单朵顶生，花形硕大，颜色艳丽，花朵呈红色、白色或黄色，长 5~7 cm，宽 2~4 cm，6 枚雄蕊等长，花丝无毛，无花柱，柱头呈鸡冠状，花期在 4—5 月。

郁金香是世界著名的球根花卉，还是优良的切花品种，花卉刚劲挺拔，叶色素雅秀丽，花朵端庄动人，惹人喜爱（图 3-64）。

图 3-62　虞美人

图 3-63　杜鹃花

图 3-64　郁金香

图 3-65　荷花池

二、夏天常见开花植物

1. 荷花

荷花又名莲花、水芙蓉等，为莲属多年生水生草本花卉。地下茎长而肥厚，有长节，叶盾圆形。花期在 6—9 月，花单生于花梗顶端，花瓣多数嵌生在花托穴内，呈红色、粉红色、白色、紫色等，或有彩纹、镶边。其果呈椭圆形，种子呈卵形。

荷花对生长环境有着极强的适应能力，不仅能在大小湖泊、池塘中吐红摇翠，甚至在很小的盆碗中亦能风姿绰约，装点环境。在中国荷文化史上，盆荷这种形式最初只是用于私家庭院观赏。如今，在中国各地园林中，盆荷的应用非常广泛。盆栽和池栽相结合的布置手法提高了荷花的观赏价值，在园林水景和园林小品中也经常出现（图 3-65、图 3-66）。

2. 牵牛花

牵牛花因为外形酷似喇叭，因此有些地方称它为喇叭花。牵牛花一般在春天播种，夏秋开花，其品种很多，花的颜色呈蓝色、绯红、桃红、紫色等，亦有混色的品种，花瓣边缘的变化较多，是常见的观赏植物。果实呈卵球形，可以入药。牵牛花叶子三裂，基部呈心形（图 3-67）。

3. 石竹

石竹别名中国石竹、石菊、绣竹、香石竹等，是石竹科、石竹属的多年生草本

图 3-66　盆栽

图 3-67　牵牛花

植物，为中国传统名花之一。石竹花单生枝端或数花集成聚伞花序，颜色呈紫红色、粉红色、鲜红色或白色。

石竹性耐寒、耐干旱，不耐酷暑。夏季多生长不良或枯萎，栽培时应注意遮阴降温。石竹喜阳光充足、干燥、通风及凉爽湿润的环境，适生于肥沃、疏松、排水良好的砂壤土。

石竹在园林绿化设计中可用于花坛、花境、花台或盆栽，也可点缀于岩石园和草坪边缘。大面积成片栽植时可作景观地被材料，另外石竹对二氧化硫和氯气也有较强的对抗性（图3-68）。

4. 美人蕉

美人蕉植株全部呈绿色，地上枝丛生，单叶互生，具鞘状的叶柄，叶片呈卵状长圆形。美人蕉喜温暖和阳光充足的环境，不耐寒，对土壤要求不高，在疏松肥沃、排水良好的砂壤土中生长最佳，也适应于肥沃的黏质土壤。

美人蕉花大色艳、色彩丰富，株形好，易栽培。现在培育出许多美人蕉优良品种，观赏价值很高，可盆栽，也可地栽用于装饰花坛。美人蕉能吸收二氧化硫、氯化氢、

二氧化碳等气体，叶片虽易受害，但在受害后很快又重新长出新叶。由于美人蕉的叶片反应敏感，能够有效监视污染环境的有害气体，具有净化空气、保护环境的作用，因此是绿化、美化、净化环境的理想花卉（图3-69）。

5. 紫薇花

紫薇花别名痒痒花、痒痒树、紫金花、紫兰花、蚊子花、西洋水杨梅、百日红、无皮树等。紫薇花树姿优美，树干光滑洁净，花色艳丽，开花时正当夏秋少花季节，花期长，故有"百日红"之称，又获"盛夏绿遮眼，此花红满堂"的称赞，是观花、观干、观根的盆景良材。其根、皮、叶、花皆可入药。紫薇还具有较强的抗污染能力，对二氧化硫、氟化氢及氯气的抗性较强。

紫薇花鲜艳美丽，花期长，树龄可达200年，热带地区已广泛栽培为庭园观赏树，有时亦作盆景。紫薇作为优秀的观花乔木，在景观绿化中，被广泛用于公园绿化、庭院绿化、道路绿化等，在实际应用中适宜栽植于建筑物前、院落内、池畔、河边、草坪旁及公园的小径两旁（图

紫薇的根、叶、皮可作药用，有清热解毒、活血止血之效。

图3-68 石竹

图3-69 美人蕉

图 3-70 紫薇花

图 3-71 菊花

图 3-72 茶花

3-70)。

三、秋天常见开花植物

1. 菊花

菊花是中国十大名花之一，花中四君子之一。菊花是经长期人工选择培育出的名贵观赏花卉。公元 8 世纪前后，菊花作为观赏花卉由中国传至日本，17 世纪末，荷兰商人将中国菊花引入欧洲，18 世纪传入法国，19 世纪中期引入北美。此后中国菊花遍及全球。

菊花生长旺盛，萌发力强，一株菊花经多次摘心可以分生出上千个花蕾。有些品种的菊花枝条柔软茂密，便于制作各种造型，组成菊塔、菊桥、菊篱、菊亭、菊门、菊球等精美的造型，又可培植成大立菊、悬崖菊、十样锦、盆景等，形式多变，蔚为壮观，因而为每年的菊展增添了无数的观赏艺术品（图 3-71)。

2. 茶花

茶花又名山茶花，花瓣为碗形，分单瓣或重瓣，单瓣茶花多为原始花种，重瓣茶花的花瓣多达 60 片。茶花有红、紫、白、黄各色花种，甚至还有彩色斑纹的茶花。茶花性喜温暖、湿润的环境，花期较长，从 10 月份至翌年 5 月份。

茶花四季常绿，分布广泛，树姿优美，是中国南方重要的植物造景材料之一。由于茶花对光照及温度的适应性较强，只要注意水、土的要求，在城市绿地、公园、住宅小区、城市广场、花坛和绿带中，均可与其他植物组合栽植，当茶花盛开之时，满树灿烂，装饰效果极佳（图 3-72)。

3. 海棠

海棠花花姿潇洒，花开似锦，自古以来是雅俗共赏的名花，素有"花中神仙""花贵妃""花尊贵"之称。海棠素有"国艳"之誉，常与玉兰、牡丹、桂花相配植栽种于皇家园林。

海棠是制作盆景的好材料，切枝可供瓶插及其他装饰之用。海棠对二氧化硫有较强的抗性，适用于城市街道绿地和矿区绿化。此外，有的海棠果实可供食用、药用，海棠花含蜜汁，是很好的蜜源植物。海棠树姿优美，春花烂漫，入秋后金果满树，芳香袭人，宜孤植于庭院前后或对植于门厅入口处，丛植于草坪角隅或与其他花木相配植，也可矮化作为盆栽。其果实经蒸煮糖渍后可作食品，还可药用（图3-73）。

4. 木芙蓉

木芙蓉又名芙蓉花、拒霜花、木莲、地芙蓉、华木，性喜温暖、湿润环境，不耐寒，忌干旱，耐水湿，对土壤要求不高，瘠薄土地亦可生长。

木芙蓉由于花大而色丽，自古以来多在庭园栽植，可孤植、丛植于墙边、路旁、厅前等处。木芙蓉特别宜于配植于水滨，

图3-73 海棠花

开花时波光花影，分外妖娆，所以《长物志》中有："芙蓉宜植池岸，临水为佳"的说法，因此木芙蓉有"照水芙蓉"之称。木芙蓉还是成都市市花，其花语为纤细之美、贞操、纯洁（图3-74）。

5. 桂花

桂花树质坚皮薄，叶呈椭圆形，对生，经冬不凋。花生叶腋间，花冠合瓣四裂，形小，其园艺品种繁多，最具代表性的有金桂、银桂、丹桂、月桂等。

桂花性喜温暖，抗逆性强，既耐高温，又耐严寒，因此在中国秦岭—淮河以南的地区均可露地越冬。桂花较喜阳光，亦能耐阴，在全光照下其枝叶生长茂盛，开花繁密，在阴处枝叶生长稀疏，花稀少。若在北方室内盆栽，尤其应注意要有充足光照，以利于生长和花芽的形成。桂花性喜湿润，切忌积水，但也有一定的耐旱能力。

桂花树是集绿化、美化于一体的观赏与实用兼备的优良园林树种。桂花是中国传统十大名花之一，它清可绝尘，浓香远溢，堪称一绝。在中国古代的咏花诗词中，咏桂之作的数量也颇为可观。桂花自古就深受中国人的喜爱，被视为传统名花（图3-75～图3-78）。

图3-74 木芙蓉

图3-75 金桂

图 3-76　银桂

图 3-77　丹桂

图 3-78　月桂

图 3-79　腊梅

图 3-80　君子兰

四、冬天常见开花植物

1. 腊梅

腊梅别名有金梅、黄梅花等，常丛生，叶对生，呈椭圆状卵形至卵状披针形，花着生于次年生的枝条叶腋内，先花后叶。腊梅性喜阳光，略耐阴、较耐寒、耐旱，对土质要求不高，但以排水良好的砂壤土为宜。

腊梅在百花凋零的隆冬绽放，斗寒傲霜，具有百折不挠的品格，给人以精神的启迪和美的享受。腊梅宜于庭院栽植，又适合作古桩盆景和插花，是冬季赏花的理想选择。腊梅也广泛应用于城乡园林景观建设（图 3-79）。

2. 君子兰

君子兰别名剑叶石蒜、大叶石蒜等，是多年生草本植物，花期长达 30~50 天，以冬春为主，元旦至春节前后开花，忌强光，为半阴性植物，喜凉爽，忌高温。

君子兰具有很高的观赏价值，常在温室作盆栽供观赏。君子兰可分株繁殖或种子繁殖，寿命达几十年或更长（图 3-80）。

图 3-81　仙客来

图 3-82　一品红

3. 仙客来

仙客来别名萝卜海棠、兔耳花、兔子花、一品冠等，属多年生草本植物，叶片由块茎顶部生出，呈心形、卵形或肾形，叶片有细锯齿，叶面绿色，具有白色或灰色晕斑，叶背呈绿色或暗红色，叶柄较长。仙客来性喜温暖，怕炎热，较耐寒，可耐 0 ℃的低温不致受冻。仙客来在凉爽的环境下和富含腐殖质的肥沃砂壤土中生长最好，其生长季节从秋季到次年春季。

仙客来对空气中的有毒气体二氧化硫有较强的抵抗能力，叶片能吸收二氧化硫，并经过氧化作用将其转化为无毒或低毒的硫酸盐等物质。仙客来适宜于盆栽观赏，可用于室内布置，尤其适宜点缀于家庭中能受到阳光照射的几架和书桌（图3-81）。

4. 一品红

一品红根呈圆柱状,分枝多,茎直立,高 10 ~ 30 mm，直径 10 ~ 50 mm，无毛。叶互生，呈卵状椭圆形、长椭圆形或披针形，叶边全缘浅裂或波状浅裂，叶面被短柔毛或无毛，叶背有柔毛。一品红对水分的反应比较敏感，生长期需要充足的水分，喜阳光，在茎叶生长期需要充足的阳光才能生长繁茂。

一品红花色鲜艳，花期长，自10月至次年 2 月，一品红盆栽布置于室内环境可增加节日的喜庆气氛，也适宜布置于会议室等公共场所。南方暖地可露地栽培用以美化庭园，也可作切花（图3-82）。

5. 蟹爪兰

蟹爪兰又名报岁兰，是兰科兰属地生植物，假鳞茎呈卵球形，包藏于叶基之内。叶呈带形，近薄革质，暗绿色。花葶从假鳞茎基部发出，直立，较粗壮，一般略长于叶；花的色泽变化较大，常为暗紫色、紫褐色或浅色唇瓣，也有黄绿色、桃红色或白色，其花一般有较浓的香气。蟹爪兰喜阴，喜温暖、湿润的环境，多生长于向阳、雨水充沛的密林间。

蟹爪兰现已成为中国热门的国兰之一，在台湾地区已进入千家万户，用以装点室内环境或作为馈赠亲朋的礼仪盆花（图 3-83）。

图 3-83　蟹爪兰

第四节
水 生 植 物

　　能在水中生长的植物统称为水生植物。水生植物叶子柔软而透明，有的形为丝状，如金鱼藻，丝状叶可以大大增加与水的接触面积，使叶子能最大限度地得到光照，吸收水里溶解的少量的二氧化碳，以保证光合作用。根据水生植物的生活方式，一般将其分为挺水植物、浮叶植物、沉水植物和漂浮植物四大类。环境绿化设计中常用到的水生植物主要为挺水植物和浮叶植物，有时也使用少量的漂浮植物。

一、挺水植物

　　挺水植物的根茎生长在水的底泥之中，茎、叶挺出水面。其中，有的挺水植物生长于潮湿的岸边，这类植物在空气中的部分具有陆生植物的特征，而生长在水中的部分具有水生植物的特征。常见的挺水植物有以下几种。

1. 水葱

　　水葱生长在湖边或浅水塘中。根茎粗，有许多须根。外观与食用小葱极为相似，能耐低温，在北方大部分地区可露地越冬。

　　水葱常用于园林景观绿化中作观赏用，能有效清除污水中的有机物、磷酸盐及重金属（图 3-84）。

2. 香蒲

　　香蒲根茎呈乳白色，从下至上逐渐细长，叶片呈条形。香蒲生于湖泊、池塘、沟渠、沼泽及河流缓流带。其果呈椭圆形至长椭圆形，果皮具长形褐色斑点，种子呈褐色，微弯。花果期在 5—8 月。

　　香蒲叶绿穗奇，常用于点缀园林水池、湖畔，构筑水景，宜做花境、水景的背景材料，也可盆栽布置庭院，因为香蒲一般

图 3-84 水葱

图 3-85 香蒲

成丛、成片生长在潮湿多水环境，所以，通常以植物配景材料运用在水体景观设计中（图 3-85）。

二、浮叶植物

1. 睡莲

睡莲属多年生水生草本植物，根茎肥厚，叶柄呈圆柱形且细长，叶椭圆形，浮生于水面，叶表面浓绿，背面暗紫。睡莲是湖泊浊水态与清水态之间的转换开关，也是维持清水态的缓冲器，对净化水体中的磷、氮具有明显的作用。从睡莲的生长时期来看，在盛花期睡莲对水体中总磷、总氮的削减能力最强，净化水质的能力也最强。（图 3-86、图 3-87）。

2. 王莲

王莲拥有巨型奇特似盘的叶片，浮于水面，十分壮观，并以它娇容多变的花色和浓厚的香味闻名于世。夏季开花，花单生，浮于水面，初为白色，次日变为深红而枯萎。观叶期为 150 天，观花期为 90 天，若将王莲与荷花、睡莲等水生植物搭配布置，将形成一个完美、独特的水体景观。

如今王莲已是现代园林水景中必不可少的观赏植物，也是城市花卉展览中必备的珍贵花卉，既具有很高的观赏价值，又能净化水体。家庭中的小型水池同样可以配植大型单株，但将其孤植于小水体效果较好。在大型水体中多株形成群体，气势恢弘（图 3-88）。

图 3-86 睡莲

图 3-87 睡莲盆栽

图 3-88 王莲

图 3-89 萍蓬草

3. 萍蓬草

萍蓬草别名黄金莲、萍蓬莲，叶纸质，呈宽卵形或卵形，少数呈椭圆形。花梗长有柔毛，萼片黄色，中央为绿色，矩圆形或椭圆形。萍蓬草的花叶尤佳，具有较高的观赏价值，常应用于开阔园林水景作为水景点缀的主体材料。萍蓬草花小色艳，庭院水景中可与假山石及池塘组景，亦可作为家庭盆栽观赏（图3-89）。

第五节
草 坪 植 被

草坪植被是用以构成园林草坪的植物材料。其中，禾本科植物常用于运动场草坪、观赏草坪和绿地草坪。草坪除具有一般的绿化功能外，还能减少尘土飞扬，防止水土流失，缓和阳光辐射，并可作为建筑、树木、花卉等的背景衬托，形成清新、和谐的景色。草坪覆盖面积是现代城市环境质量评价的重要指标，因而草坪常被誉为"有生命的地毯"（图3-90）。

一、设计原则

草坪的应用逐年扩大，许多大城市都把铺设开阔、平坦、美观的草坪纳入现代化城市建设规划之内。草坪可以覆盖地面，防止水土流失，保护环境并改善小气候，也是游人露天活动和休息的理想场所。大面积草坪不仅给人以开阔愉快的美感，同时也给绿地中的花草树木以及山石建筑以美的衬托。不同类型和风格的公园、广场等绿地，草坪和植物的规划设计形式也不同。草坪植物的种植设计是使绿地充满活力、达到协调统一的重要环节（图3-91、图3-92）。

根据在园林中的规划形式，草坪可分为自然式草坪和规则式草坪。

1. 自然式草坪

自然式草坪的主要特征在于充分利用自然地形，造成开阔或封闭的原野草地风光。在自然式草坪中，树种的选择宜丰富些，种植形式应采取自然式、"三五成林"或孤植、片植，特别是草坪边缘的种植应错落有致，体现自然韵律，忌成排成列地整齐种植（图3-93）。

图3-90 有生命的地毯

图3-91 广场草坪

图3-92 公园草坪

(a)

(b)

图3-93 自然式草坪

2. 规则式草坪

在规则式草坪中多选择树形整齐美观、轮廓鲜明的树种，种植形式也以规则式为主，并且常用一些规则式的花坛、模纹点缀装饰，或边缘加以花边，增加观赏效果。规则式草坪对地形、排水、养护管理等方面的要求较高（图3-94）。

二、生长要求

在进行植物种植设计前，应先了解绿地的土壤、地势、朝向、阳光、水分、空气、通风和人类活动等综合因素，再根据植物本身喜阳、喜阴、喜干燥、喜潮湿等不同生长要求选择适合的植物种类。只有植物生长良好，绿地的设计才能呈现良好的效果。园林植物的生长发育受到各种环境条件的综合影响，反过来，植物也影响和改变着自身的环境条件。

1. 灌溉

人工草坪原则上都需要人工灌溉，尤其是土壤保水性能差的草坪。除土壤封冻期外，草坪土壤应始终保持湿润，暖季型草主要灌水时期为4—5月和8—10月；冷季型草灌水时期为3—6月和8—11月；苔草类主要灌水时期为3—5月和9—10月。每次浇水以达到300 mm土层内水分饱和为原则，不能漏浇，因土质差异容易造成干旱的范围内应增加灌水次数。采用漫灌方式浇水时，要勤移出水口，避免水

量分布不均和"跑水"。喷灌方式灌水要注意是否有"死角"，若因喷头设置问题，局部地段无法得到灌溉，应该辅助人工浇灌。冷季型草草坪还要注意排水，地势低洼的草坪在雨季有可能产生积水，应该具备排水措施。

2. 施肥

高质量草坪初次建造时除了施入基肥外，每年必须追施一定数量的化肥或有机肥。高质量草坪在返青前可以施腐熟的麻渣等有机肥，施肥量为50 ~ 200 g/m²。修剪次数多的野牛草草坪，当草色稍浅时应施氮肥，以尿素为例，为10 ~ 15 g/m²，8月下旬修剪后应普遍追施氮肥一次。冷季型草草坪的主要施肥时期为9—10月，3—4月视草坪生长状况决定施肥与否，5—8月非特殊衰弱草坪一般不必施肥。

3. 剪草

人工草坪必须剪草，特别是高质量草坪更应多次剪草，具体剪草方法如下。

(1) 野牛草全年修剪2 ~ 4次，时间为5—8月，最后一次修剪不晚于8月下旬。

(2) 结缕草全年修剪2 ~ 10次，时间

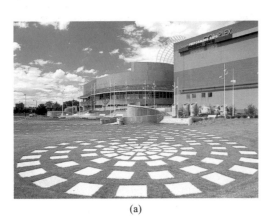
(a)

(b)

图3-94 规则式草坪

为5—8月，高质量结缕草一周修剪一次。

(3) 大羊胡子草以覆盖裸露地面为目的，基本上可以不修剪，为提高观赏效果，可修剪2～3次。

(4) 冷季型草以剪除部分叶面积不超过总叶面积的三分之一来确定修剪次数。粗放管理的草坪在抽穗前最少应修剪2次，达到无穗状态；精细管理的高质量冷季型草以草高不超过150 mm为原则。

三、常见的草坪植物

现代草坪主要用禾本科草，这类草称为草坪草。草坪草是能够形成草坪并可以修剪的一些草本植物品种，常用于游憩草坪、观赏草坪、运动场草坪、交通安全草坪和保土护坡草坪，构成草坪植被的草本植物是建植草坪的基本物质材料。

1. 早熟禾草坪草

早熟禾草坪草属多年生草本植物，具匍匐细根状茎，根呈须状。秆直立，疏丛或单生，呈光滑、圆筒状，高可达600～1000 mm。早熟禾草坪草在绿化行业中使用量最大，是种植面积最广的一个草坪品种，广布于中国南北各省（图3-95）。

2. 结缕草

结缕草叶片扁平或稍内卷，表面疏生柔毛，背面近无毛。总状花序呈穗状，小穗柄通常弯曲，长可达5 mm。结缕草喜温暖、湿润气候，受海洋气候影响的近海地区对其生长最为有利。结缕草喜光，在通风良好的开旷地上生长良好，也有一定的耐阴性，抗旱、抗盐碱、抗病虫害能力强，耐瘠薄，耐践踏，耐一定的水湿。

结缕草具有强大的地下茎，节间短而密，每节生有大量须根。叶片较宽厚、光滑、密集、坚韧而富有弹性，耐践踏，耐修剪，是极好的运动场用草和草坪用草（图3-96）。

3. 果岭草

沙培矮生百慕大草俗称为果岭草。该品种为禾本科狗牙根属，是普通狗牙根和非洲狗牙根的杂交品种。它叶片纤细、密集，节间短，低矮，耐盐，一般修剪至3～5 mm，具有适应性广、生长势强、成坪快等诸多优点。果岭草草坪

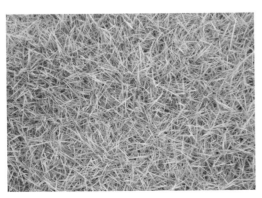

图3-95　早熟禾草坪草

图3-96　结缕草

质量优，色泽美，运动弹性佳，耐修剪，耐践踏，全年常青，可保持冬季草坪常绿景观，现常作单纯草坪，广泛应用于高档小区、大型广场、运动场所的绿化(图3-97)。

4.剪股颖

剪股颖属多年生草本，根茎细弱，秆丛生、直立、柔弱，高200～500 mm，直径6～10 mm，常具2节。其圆锥花序呈窄线形，于开花时开展。剪股颖有一定的耐盐碱力，在酸性土壤中也能生长良好，并获得较高的产草量，耐瘠薄，有一定的抗病能力，不耐水淹。春季返青慢，秋季天气变冷时，叶片比早熟禾草坪草更易变黄。剪股颖经适时修剪，可形成细致、高密度、结构良好的毯状草坪。冬季需要高水平的养护管理，常用于绿地、高尔夫球场及其他类型的草坪(图3-98)。

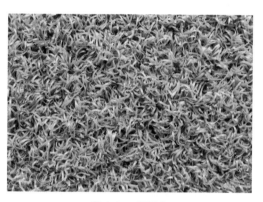

图 3-97　果岭草

图 3-98　剪股颖

草坪植物的特点

小/贴/士

(1) 生长点要低，便于修剪。比如高尔夫果岭草草坪修剪高度在5 mm 左右，一般植物很难满足其要求。

(2) 叶片多，且具有较好的弹性、柔软度和色泽，给人的视觉感受要美观漂亮，触感要柔软、舒服。

(3) 具有发达的葡匐茎、较强的扩展性，能迅速覆盖地面。

(4) 生长势强、繁殖快、再生力强。

(5) 耐践踏，比如经得住足球运动员来回踩踏。

(6) 修剪后不流浆汁，没有怪味，对人畜无毒害。

(7) 耐逆性强，即在干旱、低温条件下也能生长良好。

思考与练习

1. 常见的绿化植物有哪些？

2. 按照植物的分类，草坪可以分为哪几大类型？

3. 怎样区分乔木与灌木？

4. 身边常见的观花类植物有哪些？这些观花类植物都布置在哪些地方？

5. 水生植物的生存条件有哪些要求？

6. 庭院设计常用到哪些植物？

7. 日常街道广场常见的乔木、灌木以及观花植物有哪些？

8. 草坪植物一般会出现在哪些场所？

第四章
室内绿化设计

学习难度：★★★☆☆

重点概念：功能分区设计、设计形式、常用植物

章节
导读

室内绿化环境是外部绿化环境的延续。人类作为大自然的产物，具有向往自然、接近自然的心理需求，对失去的绿色环境有着自然的怀念。长期工作、生活在室内的人们渴望周围充满绿色植物。因此，将绿色植物引进室内已不是单纯的"装饰"，而是满足人们心理需求的不可缺少的方式（图4-1）。

图4-1　室内绿化

第一节
室内绿化与空间设计

室内绿化是指按照室内环境的特点，利用以室内观叶植物为主的观赏材料，结合人们的生活需要，对使用的器物和场所进行美化装饰。植物能够吸收二氧化碳，清除甲醛、苯和空气中的细菌，形成健康的室内环境，还具有生态美学方面的作用。此外，久居城市的人们，居住条件拥挤，生活压力大，环境污染严重，这些因素促使人们产生回归大自然的渴望。因此，扩大绿化，把绿化引进室内环境是室内生态设计的重要内容。这种美化装饰是根据人们的物质生活与精神生活的需求出发，配合整个室内环境进行设计、装饰和布置，使室内外环境融为一体，达到人、室内环境与大自然的和谐统一，突破了传统的建筑装饰。

一、室内绿化的作用

绿色空间能提高人的文化艺术品位，陶冶情操，协调人与环境的关系。绿色植物在光合作用下产生新鲜的氧气，并调节湿度，柔化室内建筑结构和家具的生硬线条，遮挡一些建筑结构的缺陷，协调、丰富室内的色彩。现代生活的节奏很快，人们的精神压力较大，绿色植物可以给大脑皮层以良好的刺激，使紧张的神经系统得以放松（图 4-2）。

1. 装饰美化作用

根据室内环境状况进行绿化布置，不仅是针对单独的物品和空间的某一部分，

图 4-2　绿色空间

图 4-3 装饰室内空间

图 4-4 阳台绿化

而是对整个环境要素进行安排，可以将个别的、局部的装饰组织起来，以取得总体的美化效果。(图 4-3)。

2. 改善室内生活环境质量

现代人在钢筋混凝土建造的城市中生活，绿色植物除了作为室内装饰外，还可以使室内充满生机，使人享受到大自然的美好，并愉悦身心。现在人们对室内环境越来越重视，中国室内环境委员会监测中心研究发现，室内的绿色植物枝叶有净化室内环境的作用，可以滞留尘埃、吸收生活废气、释放和补充氧气、调节空气湿度和降低噪音。夏日阳台上的牵牛花、金银花、葡萄等绿色植物，不仅可以遮阳，还可降低室内温度，有利于节约能源(图 4-4)。

3. 改善室内空间的结构

室内绿化设计有利于改善室内空间的构造。例如，根据人们日常活动的需要，运用成排的植物可将室内空间分隔为不同区域，同时又将不同的空间有机地联系起来。攀缘上格架的藤本植物可以成为分隔空间的绿色屏凤。另外运用植物

本身的大小、高矮可以调整空间的比例感，充分提高室内有限空间的利用率(图 4-5)。

在建筑入口处设置花池、花栅或盆栽，在门廊的顶部或墙面上作悬吊绿化，但其造型要与外部环境绿化设计相统一，形成延续性。利用借景的办法，通过玻璃和透窗，使室内外的绿化景色互相渗透、连成一体，使室内外空间更好地衔接。

虽然绿化可成为室内装饰的主旋律，但是室内绿色植物的数量不可太多，只需起到恰当的装饰和点缀的作用，不可大量摆放而不分主次，或把装饰变成简单的堆积。植物具有自然美，可以更好地烘托出建筑空间、建筑装饰材料的美。以绿色为基调、兼有缤纷色彩的植物不仅可以改变室内单调的色彩，还可以利用绿色植物来装点空间的死角，例如在楼梯下部、墙角、家具的转角和端头、窗台或窗框周围等处布置绿色植物，可使空间景象焕然一新，充满生气，增添情趣。

图 4-5 空间绿化

室内绿化的功能

1. 分隔空间

绿化分隔的空间范围十分广泛,如两厅室之间、厅室与走道之间、某些大的厅室内(如办公室、餐厅、酒店大堂、展厅等)以及某些空间或场地的交界线,如室内外之间、室内地坪高差交界处等,都可用绿化进行分隔。

某些有空间分隔作用的围栏,如柱廊之间的围栏、临水建筑的防护栏、多层围廊的围栏均可以结合绿化加以分隔。例如广州花园酒店快餐室,就是利用绿化分隔空间的例子。对于重要的部位,例如在正对出入口位置起屏风作用的绿化还应作重点处理。分隔的方式大都采用地面分隔,如果条件允许,也可采用悬垂植物由上而下进行空间分隔。

2. 联系及引导空间

联系室内外的方法有很多,例如通过铺地由室外延伸到室内,或利用墙面、天棚或踏步的延伸引导空间。但是相比之下,这些方法都没

小/贴/士

有利用绿化引导空间更鲜明、亲切和自然。

3. 突出重点空间

大门入口处、楼梯进出口处、交通中心或转折处、走道尽端等，既是交通的要害和关节点，也是空间中的起始点、转折点、中心点、终结点等重要视觉中心位置，常引起人们的注意。因此，这些位置常放置特别醒目的、更富有装饰效果的、更名贵的植物或花卉。

常见的室内植物见表4-1。

表4-1 室内植物的分类

种　　类	植 物 名 称
攀缘及垂吊植物	常春藤类、绿萝、薜荔、玉景天、吊金钱、吊兰、银边吊兰、吊竹梅、鸭跃草、紫鹅绒、球兰、贝拉珠兰、心叶喜林芋、小叶喜林芋、琴叶喜林芋、安德喜林芋、长柄合果芋、白蝴蝶、南极白粉藤、白粉藤、紫青葛、条纹白粉藤、菱叶白粉藤、麒麟尾、龟背竹、垂盆草
双叶植物	海芋、旱伞草、一叶兰、虎尾兰、金边虎尾兰、桂叶虎尾兰、短叶虎尾兰、广叶虎尾兰、鸭拓草、冷水花、花叶荀麻、透茎冷水花、透明草、文竹、鸡绒芝、天门冬、佛甲草、虎耳草、紫背竹芋、斑纹竹芋、大叶竹芋、花叶竹芋、孔雀竹芋、斑叶竹芋、竹芋、豹纹竹芋、皱纹竹芋、构叶、花烛、深裂花烛、网纹草、白花网纹草、白花紫露草、含羞草、大叶井口边草、鹿角蕨、巢蕨、铁角藤、铁线蕨、波士顿蕨、肾藤、圣诞耳藤、麦冬类、剑叶朱蕉、朱蕉、长叶千年木、紫叶朱蕉、细紫叶朱蕉、龙血树、巴西铁树、花叶龙血树、白边铁树、星点木、马尾铁树、富贵竹、珊瑚凤梨、彩叶凤梨、凤梨、艳凤梨、水塔花、狭叶水塔花、姬凤梨、花叶万年青、广东万年青、红背桂、二色红背桂、孔雀木、八角金盘、鸭脚木、南洋杉、苏铁、篦齿苏铁、橡皮树、垂叶榕、琴叶榕、变叶木、袖珍椰子、莩莩椰子、三药槟榔、散尾葵、软叶刺葵、燕尾棕、筋头竹、轴榈、短穗鱼尾葵、花叶芋、皱叶椒草、银叶椒草、翡累椒草、卵叶椒草、豆瓣绿、虾脊兰类、秋海棠类、香茶菜属
芳香、赏花、观果植物	栀子花、桂花、大岩桐、春兰、铃兰、含笑、米兰、夜合、玉簪、水仙、金粟兰、七里香、君子兰、火鹤花、报春花、羊蹄甲、非洲紫罗兰、伽篮菜、杜鹃属、山茶、八仙花、龙吐珠、黄蝉、黄脉爵床、球兰、四季海棠、朱砂根、紫金牛、枸骨、南天竺、日本茵芋

二、室内绿化环境条件

室内生态环境条件与室外差别较大，室内通常光照不足，空气湿度低、流通性差，温度较均衡，不利于植物生长。为了保证植物的正常生长，除了选择较能适应室内生长的植物种类外，还要通过人工设备来改善室内条件，以利于植物生长。

1. 光照

室内限制植物生长的主要条件是光照，如果光照强度达不到光补偿点，植物将生长衰弱，甚至死亡。综合国内外各方面光照与植物生长关系的资料，一般认为：低于 300 lx 的光照强度，植物不能维持生长；照度在 300 ~ 800 lx，若每天能连续 8 ~ 12 小时，则植物可维持生长，甚至能增加少量新叶；照度在 800 ~ 1600 lx，若每天能连续 8 ~ 12 小时，植物生长良好，可换新叶；照度在 1600 lx 以上，若每天连续 12 小时，植物可以开花。除了有天窗或落地窗条件外，仅靠室内一般漫射光，不能满足植物的正常生长（图 4-6）。

(1) 自然光。室内的自然光来源于顶窗、侧窗、屋顶、天井等处。自然光具有植物生长所需的各种光谱成分，但是受到纬度、季节及天气状况的影响，室内的受光面也因朝向、玻璃质量等变化而不同。一般屋顶顶窗采光最佳，植物受干扰较少，光强及面积均较大，光照分布均匀，植物生长匀称。侧窗采光光强较低，面积较小，且易导致植物侧向生长，侧窗的朝向同样影响室内的光照强度（图 4-7）。

(2) 直射光。南窗、东窗、西窗都有直射光线，而以南窗直射光线最多，时间最长，所以在南窗附近可配植需光量大的植物，甚至少量观花种类，例如蟹爪兰、杜鹃花，当有窗帘遮挡时，可植虎尾兰、吊兰等稍耐阴的植物。

(3) 明亮光。东窗、西窗除时间较短的直射光线外，大部分为漫射光线，光强仅为直射光的 20% ~ 25%。西窗夕阳光较强，夏季还应适当遮挡，冬季可补充室内光照，也可配植仙人掌类等多浆植物。东窗可以配植橡皮树、龟背竹、变叶木、苏铁、散尾葵、文竹、豆瓣绿、冷水花等。

(4) 中度光。在北窗附近或距强光窗户较远处，其光强仅为直射光的 10% 左右，只能配植些蕨类植物，例如冷水花、万年青。

(5) 微弱光。室内四个墙角以及离光源 65 mm 左右的墙边，光线微弱，仅为直射光的 3% ~ 5%，宜配植耐阴的棕竹等。

(6) 人工光。室内自然光照不足时，

图 4-6　光照

图 4-7　自然光采光

图 4-8　人工光采光

为维持植物生长，应设置人工光照补充，常见的有白炽灯和荧光灯。白炽灯的外形很多，可设计成聚光灯，具有光源集中、紧凑、安装价格低、体积小、种类多、红光多等特点，缺点是能量功效低。因此，在居住环境中，白炽灯宜与天然光或具有蓝光的荧光灯混用，它们与植物间的距离不要太近，以免灼伤植物。荧光灯能量功效大，与白炽灯相比，具有热量少、寿命长、光线分布均匀、光色多、蓝光较高等优点，有利于观叶植物生长，缺点是安装成本较高，光强不能聚在一起，灯管中间部分光效比两端高。此外还有水银灯，常用于高屋顶的别墅住宅，但成本很高（图 4-8）。

2. 温度

用作室内造景的植物大多原产在热带或亚热带，有效的生长温度以 18.2 ℃为佳，夜晚以高于 10 ℃为好，应避免温度骤变。温度过高会导致植物过度脱水，造成萎蔫，温度过低也会导致植物受损，为保证植物生长所需的温度，可以设置恒温器，在夜间温度下降时增添能量，也可以根据顶窗的启闭控制空气的流通角度从而调节室内温度、湿度。

3. 湿度

室内空气相对湿度过低不利于植物生长，过高人们会感到不舒服，一般将湿度控制在 40%～ 60%之间对人和植物均有利。室内造景设置水池、叠水瀑布、喷泉等均有助于提高空气湿度，若无此类设备，可以通过增加喷雾及套盆栽植提高空气湿度（图 4-9）。

4. 通风

室内空气流通差常导致植物生长不良，甚至造成叶枯、叶腐、病虫滋生等，故要通过窗户来进行调节。此外设置空调

(a)

(b)

(c)

图 4-9 增加湿度设计

系统也可以调节室内空气流通。

三、室内绿化空间的设计手法

室内绿化设计可借鉴园林的装饰技巧，结合室内的建筑结构、功能布局，根据室内设计风格而采用灵活多变的形式，常见的设计手法有以下几种。

1. 借景式

面积较小的空间，通过阳台、窗户外的绿化装饰，结合户外的景色，形成景观的层次性，使室内的视觉空间向外延伸，同时也把室外的景色引入室内。窗户和门像精美的画框，把美景镶在了室内的墙上（图 4-10）。

2. 穿插式

根据建筑层的高低，错落有致地安排一系列的绿化设计，把绿化和各个建筑空间串联在一起，用通透的大玻璃、隔墙、花格门窗、开敞空间、悬空楼梯、高低不一的梁柱等相互联系和渗透（图 4-11）。

3. 室内庭园

室内庭园是在室内布置一片园林景色，创造室外化的室内空间。缺乏室外绿化场地或居住者所在地区气候条件较差时，在室内开辟一个不受外界自然条件限制的四季常青的园地，就像再造了一片自然空间（图 4-12）。

4. 室内盆景

盆景是我国传统的优秀园林艺术珍品，富有诗情画意和生命特征，可用于装点室内，以小见大，使人领略到大自然的风姿神采。盆景源于自然，但高于自然，人们赞誉其为"无声的诗，立体的画"。盆景依其取材和制作，可分为树桩盆景、

图 4-10　借景式设计

图 4-11　穿插式设计

山水盆景和石艺盆景三大类。陈设盆景的几架有红木古架、斑竹、树根、石材、金属等。绿化设计的附属设施选配得当，能使盆景更加生机盎然（图4-13）。

5.插花艺术

插花在室内绿化装饰美化中，起到画龙点睛的作用。它为室内环境创造文化内涵和艺术氛围，带给人一种追求美、创造美的喜悦和享受，能够修身养性、陶冶情操。同时插花艺术在整个室内绿化中起到核心作用，它可以寓意、比拟、象征、揭示室内绿化设计的主题风格，表达室内居住者的理想、追求，因而是现代社会人们美化室内环境的重要手法（图4-14）。

（1）插花的特点：装饰性强，充分表达人的主观意愿；制作随意性强；时间性强；作品精巧艳丽。

（2）插花的要素：色彩、造型、线条、层次、间隙。

（3）插花的特性：插花所采用的不同植物能表现出不同的意境和情趣。

（4）插花艺术的类别：依花材性质可以分为鲜花插花（图4-15）、干插花（图4-16）、干、鲜混合插花（图4-17）、人造插花（图4-18）。

（5）插花艺术的造型：制作前首先要明确立意，确定插花的主题思想，运用统一、协调、均衡和韵律四大插花造型原则，表达插花作品的思想内容。

①根据花材的形态特征及其寓意进行构思是中国传统插花最常用的手法，如牡

东方式插花的花型由三个主枝构成，因流派的不同称为"主、客、使"、"天、地、人"或是"真、善、美"。

图4-12 室内庭园

图4-14 室内插花

图4-13 室内盆景

图4-15 鲜花插花

图 4-16　干插花

图 4-17　干、鲜混合插花

图 4-18　人造插花

丹富贵、荷花吉祥、梅花坚强、松树智慧长寿、竹子秀雅挺拔。此外还常借植物的季节变化进行创作，体现时令的演变（图

4-19）。

②根据造型组合构思表达美好的愿望。如用朴葵叶修剪成风帆的形状，表达

(a)

(b)

图 4-19　艺术插花

图 4-20 陶瓷器插花组合

图 4-21 竹木器插花组合

一帆风顺之意;将洁白高雅的马蹄莲、晶莹透亮的水晶玻璃插瓶进行组合,表达冰清玉洁、闲雅脱俗之意;利用山野采来的果实进行组合,表达秋天硕果累累的丰收之意。

③巧借容器和配件进行构思。陶瓷器插花组合适合纯朴自然的主题;竹木器插花组合适合乡土气息的主题;金属、玻璃、水晶、塑料等容器适合现代风格的题材(图4-20、图4-21)。

第二节
庭院绿化设计

以植物为主题作为绿化设计立足点是小庭院设计的有效创作手段。植物景观主要指自然界的植物群落和植物个体所表现的形象,通过人们的感观传到大脑皮层,使人产生美感和联想。当然,植物景观也包括人工创作的景观(图4-22)。

一、入口通道的绿化设计

庭院的入口通道是进入室内空间前的第一视野,堪称门面设计,是一个

图 4-22 庭院绿化设计

家庭给其他人留下第一印象的地方,能够展现出主人对生活的态度与追求(图4-23)。

入口通道绿化设计的注意事项如下。

1. 考虑分镜头画面

入口通道绿化可以设计成移步换景式景致,让人边走边欣赏。把道路设计成 S 形的蛇行路线加长从院门到玄关的距离,从而确保两侧空间能够表现出这种景致效果(图 4-24)。

入口通道处可以栽植站在住宅外面就能看到的景观树。打开院门的瞬间,呈现于眼前的景观树立刻让人感知到季节,道路两边的草丛类植物、水钵、照明器具、长椅等景观设施将视线吸引到

(a)   (b)

图 4-23　入口通道的绿化设计

(a)   (b)

图 4-24　蛇行路线

脚下，使得空间整体的视觉感受给人留下美好的印象。

2. 门廊设计不可忽视

门廊是入口通道的连续空间，是展现各种生活场景的空间。在门廊处放上长椅，点缀些栽有各种植物的花钵，设置稍微宽敞的露台和小型组合桌椅等，可以使门廊变成有格调的前院 (图 4-25)。

3. 适合入口通道的植物

入口通道的植物能够体现住宅主人的形象。选择地被类植物和草本花卉类植物可以展现居住者的华丽、素雅等形

图 4-25　格调前院　　　　　　　图 4-26　具有季节感的设计

象。另外，应依据道路的宽度来选择树种，宽度较窄的道路不适合栽植珍珠绣线菊、连翘这样枝干散乱的植物，因为雨后会溅湿衣衫；也不宜种植有刺的植物，易刺伤他人。常用庭院植物如表4-2所示。

入口通道的绿化要表现出季节感。四季都弥漫花香的入口通道会使客人感到神清气爽。同时，居住者自己动手设计适合各种季节和活动的空间，也是十分重要的（图4-26）。

表4-2 常用庭院植物

种 类	树 木 名 称
常绿乔木	香樟、日本柳杉、杜英、广玉兰、大叶女贞（大叶冬青）、桂花、柑橘、罗汉松、雪松、月桂、深山含笑、乐昌含笑、金玉含笑、枇杷、石楠、棕榈、苏铁、加拿利海枣、华盛顿棕榈
落叶乔木	法国梧桐、池杉、水杉、榉树、栾树、无患子、银杏、合欢、金合欢、马褂木、垂柳、白玉兰、国槐、朴树、枫香、枫杨、青桐、紫薇、紫荆、红枫、垂丝海棠、贴梗海棠、西府海棠、樱花、丁香、紫玉兰、二乔玉兰、木槿、香泡、木芙蓉、红花刺槐、盘槐、桃树、山麻杆、红叶李、石榴、意杨、枣树、乌桕
常绿灌木	法国冬青、龟甲冬青、红果冬青、桃叶珊瑚、栀子花、细叶栀子、八角金盘、六月雪、十大功劳、阔叶十大功劳、大叶黄杨、金边黄杨、雀舌黄杨、茶花、茶梅、椤木石楠、红继木、月季、杜鹃、金叶女贞、小叶女贞、云南黄馨、丝兰、火棘、蚊母、棣棠、二月兰、洒金柏、龙柏、海桐、夹竹桃、金丝桃、南天竹、苏铁、棕竹、扶桑、枸骨、凤尾竹
落叶灌木	八仙花、棣棠、丁香、海棠、红瑞木、红叶碧桃、红叶李、结香、金山绣线菊、决明、腊梅、连翘、木芙蓉、木槿、绣线菊、紫荆、紫薇、矮生紫薇、红叶小檗、青枫、金丝桃、迎春、垂叶榆
草本花卉	（多年生）芭蕉、美人蕉、百合、春羽、二月兰、风信子、佛座草、活血丹、金边龙舌兰、金娃娃萱草、肾蕨、石蒜、宿根福禄考、宿根美女樱、文殊兰、夏堇、小苍兰、萱草、一叶兰、鸢尾、百日草、彩叶草、常夏石竹、大丽花、地肤、紫菀、白晶菊、瓜叶菊、金盏菊、天人菊、万寿菊、雏菊、茑萝、三色堇、芍药、石竹、太阳花、向日葵、虞美人、羽衣甘蓝、牵牛、蜀葵
藤本植物	凌霄、木香、油麻藤、葡萄、常春藤、紫藤
地被植物	（草坪）百慕大、高羊毛草、黑麦草、马蹄金、马尼拉、狗牙根、白景天、白三叶、斑叶活血丹、葱兰、佛甲草、花叶薄荷、花叶蔓长春、金边吊兰、金叶过路黄、麦冬、婆婆纳、书带草
水生植物	旱伞草、蒿苞、花叶芦竹、芦苇、水葱、睡莲、莲藕、香蒲
禾本植物	哺鸡竹、刚竹、慈孝竹、凤尾竹、龟甲竹、毛竹

二、庭院设计形式

庭院设计是通过一定的艺术手法与技术手段把山石、花草、树木、水、建筑创作成优美舒适的自然居住环境，也是人类通过自身改造的第二自然。

庭院各构成要素的位置、形状、比例和质感在视觉上要适宜，以取得平衡，类似于绘画和摄影的构图要求，只是庭院

图 4-27　苏州网狮园

是三维立体的，而且是多视角观赏，因此，在庭院设计上还要充分利用人的视觉假象，如近处的树比远处的体量稍大一些会使庭院看起来比实际大。苏州的网狮园为了达到水波浩渺的扩大感，而把水域周边景观按比例缩小，就是这个道理（图4-27）。

1. 观赏性

多观赏点的庭院引导人们的视线往返穿梭，从而形成动感，除坐观式的日式微型园林外，几乎所有庭院都注重园林观赏的动感。动感决定于庭院的形状和垂直要素（如绿篱、墙壁和植被），例如正方形和圆形区域给人宁静感，适合作为座椅区，而两边有高隔的狭长区域会让人有神秘感和强烈的动感。不同区间的平衡组合能调节出各种节奏的动感，使庭院独具魅力（图4-28）。

2. 色彩调控

色彩的冷暖感会影响空间的大小、远

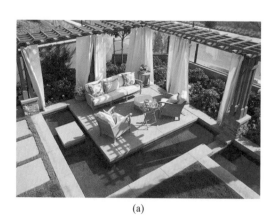

(a)

(b)

图 4-28　座椅休闲区

(a)

(b)

图 4-29　色彩搭配

近等。随着距离变远，物体的色彩将由深变浅，由亮变暗，色相会偏冷、偏青。应用这一原理，可知暖而亮的色彩有拉近距离的作用，冷而暗的色彩有缩短距离的作用。庭院设计中将暖而亮的元素设计在近处，将冷而暗的元素布置在远处，会有增加景深的效果，使小庭院显得更为深远(图4-29)。

3. 利用盆栽的组合设计

用盆栽进行组合设计时，不仅要考虑花盆的搭配组合，还要选择适合其生长的各种植物。栽植的规划和设计与通常的规划没什么区别，就是要利用植物的质感、远近、高低关系等因素营造出

与周边环境和氛围相协调的立体空间效果(图4-30)。

设于城市型住宅玄关门廊内的盆栽园属于玄关门廊的设计。城市型住宅的外环境因空间狭小无法栽种孤植树木。这种情况下，盆栽的组合式花园就显得十分方便。将盆栽与玄关和门的设计相结合，添加花钵、鹅卵石等元素后，呈现自然氛围。盆栽使用的植物有洋常春藤、橄榄、百里香、薰衣草等。

4. 木结构设计

与传统的钢筋混凝土架构相比，木结构在视觉上更加温馨自然。木结构具有独特的低导热性，冬暖夏凉，使整个景观环

组合盆栽根据植物配材的造型分为填充型、焦点型、直立型和悬垂型。

(a)

(b)

图 4-30　盆栽组合设计

盆栽设计注意事项

小／贴／士

由于花钵本身也可作为观赏物来赏鉴，因此，花钵的设计就显得至关重要。花钵的设计应结合放置场所及大体装饰意向选择合适的尺寸、材质。

决定植物的观赏面后，确定栽植植物的具体位置应注意以下几点。

(1) 花钵内侧应栽植植株较高的植物。

(2) 花钵靠前部位应栽植一种有体量感的草本花卉和两到三种有季节感的草本花卉。

(3) 正面的最前列搭配下垂型植物以遮挡花钵。

(4) 栽植于同一花钵内的植物应选择日照条件和浇水管理方式均相似的品种。

境更加绿色环保，这符合我国以及国际倡导的绿色环保理念（图4-31）。

同时，在发生火灾时木结构的景观建筑比钢筋混凝土的建筑安全性更好。因为木结构开始燃烧时，表面会出现一层炭灰。炭灰能够有效地延长景观木结构燃烧的时间，延迟坍塌时间，这样能够争取更多的时间让周围的居民逃生，减少人员伤亡。

三、入户花园设计

在入户门与客厅门之间设计一个类似玄关的花园，连接入户门与客厅，起过渡作用。入户式花园的设计初衷是为了实现人们将花园引入住宅的梦想，形成真正的立体园林景观。

入户花园让人们过去的庭院情结在空

(a)

(b)

图4-31　木结构设计

(a)　　　　　　　　　　　　　　　　　　(b)

图 4-32　入户花园

中得以延伸。向往花园生活的人们希望楼层与花园兼顾，入户花园使这一想法得以实现（图 4-32）。

在入户玄关处设置花园，使入户门与客厅之间形成过渡，将客厅与外界进行一定的阻隔，不与外界直接接触，增加了家庭的私密性，同时丰富了室内的空间格局，营造出温馨、浪漫的家庭氛围。

1.功能多样化

第一眼看入户花园和阳台没有什么区别，其实不然，入户花园具有阳台的功能，但在阳台的基础上进行了升级，一般面积较大，使用功能和参与性更强。除了具有花园通道的功能外，入户花园还具有露台的功能，作为家庭活动的第二空间（图 4-33）。

最近几年，公寓中的阳台已从单纯的生活空间向享受生活空间转型，因而备受关注。不仅独立住宅的庭院如此，甚至连公寓的阳台也被改造成花园空间。但是，阳台属于建筑物的内部空间，并且，在公寓中相当于共同使用的部分，因此

(a)　　　　　　　　　　(b)　　　　　　　　　　(c)

图 4-33　阳台多功能绿化

比普通的庭院空间有更多的规范限制。

2. 入户花园设计注意事项

(1) 考虑水电问题。入户花园可能有水景存在，所以要做好防水防电工作，地面要做好防水层。完工后要做详细的验收工作。

(2) 考虑卫生问题。在设计时就需要考虑入户花园的卫生问题，可以设计排水孔保障及时排水，在设计图纸上应标明水源和电源的位置。

(3) 避免拥挤问题。为了避免入户花园过于拥挤，我们可以把入户花园的通道进行明确划分，将入户花园与卧室、客厅以及餐厅区等区域衔接起来。

与户外相比，室内植物宜选择耐阴植物。花盆中栽植的花木如果是落叶树，建议摆放在方便侍弄的地方。另外，公寓中的阳台做防水施工时，应将物品全部撤离。屋顶绿化中常用轻质土壤花坛栽植的方式，而阳台绿化建议采用陶罐、盆栽式的绿化方式。适合阳台栽植的植物中，草

本花卉有木贼、木香花、阔叶山麦冬等，花木有桃叶珊瑚、橄榄、常青白蜡、岩石南天竹、柠檬等。

第三节
室内各功能分区绿化

室内绿化是室内外空间的过滤与延伸，将植物引进室内，使内部环境兼有自然界外部空间的因素，使人减轻从外部自然环境突然进入封闭的室内空间的压抑感，从而达到内外空间的过渡，使室内有限空间得以延伸和扩大（图4-34）。

一、客厅

客厅是用来接待客人和家庭聚会的地方，一般客厅的设计特点多是华贵、庄重、明快、大方。客厅宜选叶片较大的植物品种作为绿化装饰，不宜采用枝叶细小琐碎的植物，以免给人零乱之感。

图4-34　室内绿化

图 4-35 客厅绿化

客厅的绿化设计应注重活泼和趣味性，要反映出主人的爱好、性格及艺术品位。在客厅角落摆放发财树、巴西铁等较大的植物，显得庄重大方。发财树具有较好的空气净化功能（图 4-35）。近年来，植物学家发现发财树吸收有害气体的能力高于其他植物，而且又能释放大量氧气，有利于净化室内空气，是室内植物的最佳选择。

在客厅的沙发、茶几、柜子等边缘处可陈设一些花架，并摆放万年青、龟背竹、海棠、蝴蝶兰、牡丹花等叶大株整的植物。在窗前或墙壁中央的几案上摆放古朴多姿的树桩盆景或水石盆景，也可放一些嫁接的仙人球或仙人掌等耐旱、常绿的植物，使客厅生机勃勃，春意盎然。

在客厅的延续空间，也就是露台的上部放置藤架后，这个空间就变成连接室内和室外的中间空间而发挥各种作用。另外，在浴室天井院上空设置藤架具有遮挡视线的作用。

二、书房

书房需要安静、素雅的环境气氛，绿化宜选用梅、兰、竹、菊等具有象征意义的植物。桌面上宜摆放小型素雅的插花或盆栽，例如兰草、水仙、梅花、风信子、富贵竹。在书房摆上一两盆艺术水平较高的盆景，不仅可以提高环境的艺术效果，还可以使人身心愉悦。书房绿化设计应反映主人的爱好、文化修养、职业、艺术品位，所以在设计前一定要了解户主的不同需求（图 4-36）。

三、卧室

卧室的空间相对封闭，人在卧室停留的时间较长，所以卧室的绿化十分重要。首先要挑选对人和环境有益的植物，应本着简单、淡雅、纯朴、耐阴的原则。卧室的植物应以观叶植物为主，不宜过多，植株不宜过大，也不宜选用植株细乱、叶片细碎的植物，因为这些植物在夜间容易影响人的睡眠质量。卧室最好

图 4-36 书房绿化

适合放在卧室
的绿植有吊兰、
君子兰、白掌、
富贵竹、仙人
球等，但不宜
过多，一两盆
就好。

图 4-37 卧室绿化

以插花形式的绿化为佳，因为盆栽土壤上的有机肥会散发出令人不悦的气味。无论是盆栽或插花，都应采用无香味或淡香型的植物。浓香型的花香会影响人的睡眠。卧室插花的器皿以水晶玻璃或带有条编的瓶罐为佳，显得洁净、高雅（图4-37）。

四、餐厅

餐厅是绿化的重点。在入口处摆放一组大型的组合插花，使客人一进门就感到迎面而来的热情，使人倍感亲切、雅致。在餐桌上放置一盆精巧的插花，会使人着迷，渲染宴会的热烈场面。在每份餐具之间的桌布上放一束小花，或者在酒杯上插上一朵蔬菜做的小花，都会显得十分高贵、典雅。餐桌中心的插花有两种形式：第一种是用水晶玻璃花瓶插上疏散型的花叶；另一种是采用平而矮的插花或花篮。这两种形式都不遮挡客人的视线，利于用餐人互相沟通。餐厅周边的角落以摆放形整而较大的观叶植物为宜（图4-38）。

餐厅里还可以采用农作物产品（例如南瓜、玉米、高粱、辣椒、木瓜、谷穗）和水果类（香蕉、苹果、西瓜、菠萝、樱桃）作为陈设，在绿色环境里摆放蔬菜、瓜果，可以促进人的食欲。

五、卫生间与浴室

卫生间与浴室的绿化宜选用耐阴湿的观叶植物或花卉，如马蹄莲、常春藤、菖蒲、绿萝、水仙、天门冬及蕨类植物。卫生间与浴室的墙角可用玻璃做成搁板放置盆花或插花，洗漱台上也可以摆放插花，卫生间与浴室里绿化用的器皿以水晶玻璃为宜，显得清纯、洁净（图4-39）。

图 4-38　餐厅绿化

图 4-39　卫生间与浴室绿化

近几年，室内环境绿化设计发展迅速，可以作为户外景观的缩影，为身处室内的人们提供了一个令人愉快的环境。从简单的盆花摆设到以自然景观为主题的室内空间的转变，使观赏者从中感受到大自然的奥妙，从而获得心理和生理上的满足。如今，城市化发展日益加快，室内环境绿化设计越来越受到人们的重视。

第四节　案例分析
——泰国 Mode61 公寓花园景观

Mode61 公寓位于泰国曼谷，是一座独栋的现代化公寓，住宅面积有限，但层次丰富，空间感十足。花园能够支持多种活动且保证彼此互不影响，同时使楼上的用户俯瞰时能欣赏到美景。不同高度的水面与地面、墙面以及屋顶都有植物，这里宛若一个水与绿的三维剧场。

从公寓的平面图看（图 4-40），整个公寓的外立面被绿植包围，人们经过的地方都能体会到大自然的元素。天然石材和天然木材是硬质景观的主材，具有丰富的细节，为用户提供了一个质朴、高品质的户外空间（图 4-41）。

利用遮挡的设计手法，将轻垂的柳枝设计成天然的屏障，保护泳池内游人的隐私，使游客既能在泳池放心游玩，也能将美好的景色尽收眼底（图 4-42）。

在庭院设计上，利用原木、鹅卵石以

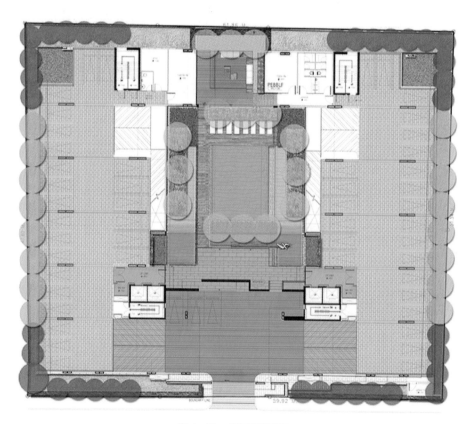

图 4-40　公寓的平面图

(a)

(b)

(c)

(d)

图 4-41　绿化布置

(a)

(b)

(c)

(d)

图 4-42　绿化与水景

及地砖特有的颜色进行组合设计，并与建筑物相结合，展现出独特的景观面貌。落地窗的设计让人足不出户就可欣赏整个花园的景观（图4-43）。

(a)　　　　　　　　　　　　(b)

(c)　　　　　　　　　　　　(d)

图 4-43　室内绿化

将前庭设计成盆栽园

用种植箱可将前庭变成花坛，面向道路的门垛部分吸引了众人的眼球。前庭空间中的硬质铺装必不可少，用盆栽配合设计是最佳方案。狭窄空间中以多个盆栽进行立体组合搭配，再用常绿树、彩叶草为主的多年生草本花卉作色彩点缀（图4-44）。

在庭院的一角设置藤架并栽植藤本植物时，由于藤架本身是独立的构筑物，需要在水平方向加强承载力，因此，应用金属网或板材做成墙体，顶部用交叉状金属网做成角撑构件。攀缘植物用的支架间距依照树种而定，一般间距为 50 mm 左右，可保证植物无需辅助支架也可缠绕攀爬上去。如果超过 100 mm，则需要借助人工辅助缠绕或增设辅助支架（图4-45）。

树种中较受欢迎的是多花紫藤或蔷薇等落叶树木。常绿类的藤本植物会让藤架下面过于阴暗。栽植密度根据树种而定，例如藤架面积为 5 m² 时栽植一颗就足够了。栽种初期植物密度太小会让人有稀松感，因此，在栽种初期宜按每平方米一棵的标准栽植，数年后再进行移植。

图 4-44　种植箱设计

图 4-45　藤架建筑

思考与练习

1. 室内绿化的意义是什么？

2. 简述室内绿化的作用。

3. 植物景观在室内的作用是什么？

4. 常见的室内绿化植物有哪些？

5. 室内绿化常见的设计手法有哪些？

6. 影响室内环境绿化的条件有哪些？

7. 庭院设计的形式有哪些？请简单介绍。

8. 室内绿化功能分区的设计要点是什么？

9. 根据当今设计行业的发展潮流，请对室内绿化的前景进行分析。

10. 现阶段室内绿化的特点是什么？请做一个简单的分析报告。

第五章

户外环境绿化设计

学习难度：★★★★☆

重点概念：设计形式、绿化手法、景色规划

章节导读　随着社会的进步和生活水平的提高，人们的居住观念不断更新，不仅对室内环境提出更多要求，对室外环境也提出了新的理念。环境绿化设计对提高人们的生活质量越来越重要，人们希望能够欣赏到自然、和谐的景观（图 5-1）。

图 5-1　自然景观

第一节
园林绿化设计

现代园林绿化应该走向生态化，体现以人为本的理念。园林绿化不仅能带给人们享受和快乐，也能实现人与环境的和谐发展。园林绿化设计的目标就是创造一个更适宜人们生活、满足人们各种物质和精神需求的环境。

园林绿化设计要与城市集中绿地、公园绿地、居住区绿地、花园或城市自然景观相结合，形成以自然生态环境、园林景观为主的广场空间，与绿化植物、四季花卉、山石水景、构筑物、园林小品等形成亲切怡人的生态小气候 (图 5-2)。

园林绿化设计是针对一定的地域范围，运用园林艺术和工程技术手段等创作的在自然、生活境域内栽植植物以改善环境的活动。

一、户外地形的设计原则

1. 科学依据

设计时需要结合原有地形进行园林的地形和水体规划，并对该地的水文、地质、地貌、地下水位、土壤等情况有详细的认识，花草树木的种植应符合植物生长规律的要求。

2. 社会需要

园林绿化属于上层建筑范畴，反映社会意识形态，园林建设应该为广大人民群众的精神与物质文明建设服务。所以，园林景观设计师应该深知广大人民群众对园林设计的要求，创造出适合不同年龄、不

图 5-2　园林景观

同兴趣爱好、不同文化层次的游人需要的园林。

3. 功能要求

设计师应根据审美要求、活动规律、功能要求，创造出优美、卫生、舒适、健康的园林空间，使园林呈现茂林修竹、绿草如茵、繁花似锦、鸟语花香的效果，让游人流连忘返。

4. 经济条件

同一处园林绿地，采用同样的设计方案，由于建筑材料、苗木规格和工程标准不同，建园投资费用差异很大，设计者应该根据实际情况在有限的投资条件下创造最为理想的作品。

园林的地形主要分为陆地及水体两大部分。地形的规划直接影响着园林空间的美学特征和空间感受，更影响着园林的整体布局，景观效果，排水、管道设施等。因此，园林地形的规划也必须遵循基本原则。

二、户外环境绿化设计方法

户外环境绿化设计是多项工程相互协调的综合设计，就其复杂性来讲，需要考虑交通、水电、园林、市政、建筑等方面。设计人员必须清楚了解各种法律法规，才能在具体的设计中，合理运用各种设计元素，规划好项目中每一地块的用途，设计出符合土地使用性质、满足客户需要的合理方案。户外环境绿化设计一般以建筑为硬件，以绿化为软件，以水景为网络，以小品为节点，采用各种专业技术手段辅助实施设计方案（图 5-3）。

从设计方法或设计阶段上讲，户外环境绿化设计方法可简单归结为以下 4 个

图 5-3　景观小品

方面。

1. 构思

构思是环境绿化设计的最初阶段，也可以说是环境绿化设计最重要的部分。从学科发展和国内外的实践来看，环境绿化设计的含义相差甚大。我们这里认为，环境绿化设计是关于如何合理安排和使用土地，解决土地和土地上一切生命的安全与健康以及可持续发展的问题。环境绿化设计涉及区域、新城镇、邻里和社区规划设计，公园和游憩规划，交通规划，校园规划设计，景观改造和修复，遗产保护，花园设计，疗养及其他特殊用途的规划设计等领域。从目前国内的实践活动来看，环境绿化设计侧重具体项目的环境设计，即狭义的环境绿化设

计。这两种观点并不冲突。

基于以上观点，土地的合理使用和局部的环境绿化设计方案，构思都是十分重要的。构思首先要考虑满足其使用功能，充分为地块的使用者创造出满意的空间场所，同时不破坏当地的生态环境，尽量减少项目对周围生态环境的影响。

2. 构图

构思是构图的基础，构图始终围绕着满足构思的所有功能展开。环境绿化设计构图包括两个方面的内容，即平面构图和立体造型。

(1) 平面构图。平面构图主要是将交通道路、绿化面积、小品位置用平面图示的形式按比例准确地表现出来（图5-4）。

(2) 立体造型。从整体来讲，立体造

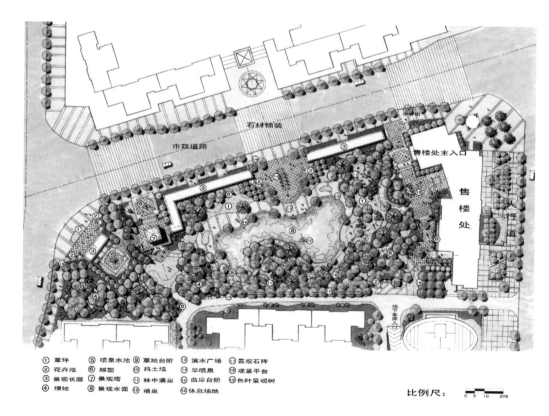

图 5-4 平面构图

图 5-5　立体造型

型是地块上所有实体内容某个角度的正立面投影。从细部来讲，立体造型主要通过景物主体与背景的关系来反映，从设计手法中可以体现（图 5-5）。

3. 对景与借景

环境绿化设计的平面布置往往有一定的建筑轴线和道路轴线，在其尽端安排的景物称为对景。对景往往是平面构图和立体造型的视觉中心，对整个环境绿化设计起着主导作用。对景可以分为直接对景和间接对景。直接对景是视觉最容易发现的景，如道路尽端的亭台、花架，一目了然。

间接对景不一定在道路的轴线或行走的路线上，其布局的位置往往有所隐蔽或偏移，给人以惊异或若隐若现之感（图 5-6、图 5-7）。

借景也是环境绿化设计中常用的手法。通过建筑的空间组合或建筑本身的设计手法，借用远处的景致，如苏州拙政园。借景的手法可以丰富景观的空间层次，给人极目远眺、身心放松的感觉（图 5-8）。

4. 隔景与障景

"佳则收之，俗则屏之"是我国古代造园的手法之一，现代环境绿化设计也常

图 5-6　亭台

图 5-7　花架

(a)

(b)

(c)

(d)

图 5-8　苏州拙政园

常采用这样的手法。隔景是将好的景致收入到景观中，将影响游人视觉享受的地方用树木、墙体遮挡起来。

三、景区绿化规划设计

1. 人流活动线规划

人流活动线多指人群步行的道路，是连接各景区以及各主要建筑景观的道路。人流活动线的平面布局常构成景区道路的骨架，多为环形、S 形。湖边是游人最喜欢去的地方，因此，湖边设路时，切不可"镶边"，应根据地形和周围环境的景观要求，使路与水面若即若离，有远有近，有藏有露。成功的人流活动线设计还起到引导游人游览的作用，通过路的引导，将景区的主要景色逐一展现在游人眼前，使游人从较好的位置欣赏景致（图 5-9、图

5-10）。

人流活动线在平面布置上宜曲不宜直，立面设计也要高低变化、错落有致，达到步移景异、层次深远的景观效果。道路的平面布置、起伏变化和材料及色彩图纹等可以体现园林艺术的奇巧。如果景区面积较小，人流活动线宜迂回靠边，这样可拉长距离，方便游人观赏更多的景致（图 5-11）。

2. 风景视线规划

游览景区中设置的人流活动线在平面构图中是一条实线，而风景视线则是构图中的一条虚线，风景视线既可以与人流活动的方向一致，也可以离开人流活动线在各个角度流动。

（1）开门见山的风景线。采用这种手

法设计的景观气势雄伟、众景先收、开阔明朗，多用于纪念性的景区、艺术表现性的景观。如深圳的世界之窗、法国的凡尔赛公园、意大利的台地园（图 5-12、图 5-13、图 5-14）。

（2）半藏半露的风景视线。在山地丛林地带，主景在导游线上时隐时现，始终在前方引导，当游人到达主景时，已游览全部景色。此种手法创造出一种神秘气氛，如苏州虎丘、山顶的云岩寺、隋代宝塔。游人在远处就可看到虎丘，但行至虎丘近处塔影消失，进入山门。隋代宝塔在树丛中隐约出现，游人在寻觅主景的过程中观赏沿途景色，待来到千人石、二仙亭等所

图 5-9　环形路线

图 5-12　世界之窗

图 5-10　S 形路线

图 5-13　凡尔赛公园

图 5-11　景区路线

图 5-14　台地园

图 5-15 苏州虎丘

图 5-16 云岩寺

组成的空间时，隋代宝塔的若隐若现更激发了游人的兴趣（图 5-15、图 5-16、图 5-17）。

（3）深藏不露的风景视线。有的景区、景点掩映在山峦丛林之中，由远处观赏，仅见一些景观的顶部或某一边等，近观则全然不见所要寻找的景观，这时只能沿景区中的道路由 A 景点到 B、C、D 等景点，游人在游览中不断沿着引人入胜的景象游览，直至进入高潮，给游人留下种种回味的乐趣。如苏州留园、昆明西山的华亭寺以及四川青城山的寺庙建筑群，皆为深藏不露的典型。良好的风景视线给人们良好的视角和视域，从而获得最佳的风景画面和意境感受（图 5-18、图 5-19、图 5-20）。

图 5-17 隋代宝塔

图 5-19 华亭寺

图 5-18 苏州留园

图 5-20 寺庙建筑群

园林绿化设计注意事项

(1) 不宜追求高档、豪华，不宜远离自然、违背自然。

(2) 不宜盲目模仿，照搬照抄，缺乏个性。

(3) 不宜缺乏人文关怀，不顾游人的需要。

(4) 不宜只注重视觉上的宏伟、气派、高贵及富丽堂皇的形式美，不顾工程的投资及建成后的管理成本。

(5) 不宜忽视与当地环境的和谐统一，不宜破坏整体的生态环境。

(6) 不宜随意配置园林植物。

(7) 不宜只注重一种植物，忽视园林植物配置的多样性。

(8) 不宜只注明园林植物的种类，不明确具体的品种和规格。

四、常用的园林绿化植物

园林绿化植物的选择要点如下。

(1) 选择生长健壮、便于管理的乡土树种。根据不同地区的气候和土壤条件选择适合当地生长的乡土树种。

(2) 选择树冠大、枝叶茂密、落叶阔叶乔木。夏天，它们可以使居住区有大面积的阴凉位置，冬季又不遮挡阳光，还能吸附灰尘和减少噪声，使空气清新。比如法国梧桐、意杨树、凤杨树、红枫等（图 5-21、图 5-22、图 5-23、图 5-24）。

图 5-22　意杨树

图 5-21　法国梧桐

图 5-23　凤杨树

图 5-24 红枫

图 5-26 梅花

图 5-25 垂丝海棠

图 5-27 罗汉松

118

(3) 选择有季相变化的常绿树和开花灌木。可以选择的植物有冬青、松树、罗汉松、玫瑰、杜鹃、牡丹、女贞、黄杨、沙地柏、铺地柏、连翘、迎春花、月季。

(4) 选择耐阴植物和攀缘植物。背阴处宜种植耐阴植物，如垂丝海棠、梅花、罗汉松（图 5-25、图 5-26、图 5-27）。攀缘植物有常春藤、络石等。

第二节
商业空间绿化设计

为了满足人们日益增长的文化需求，商业空间应运而生，它不仅代表经济的发展，也象征城市的繁荣。近年来，商业环境绿化不断发展，如何进一步完善商业环境绿化设计使其与社会同步发展至关重要（图 5-28）。

一、商业空间的特点

1. 流动性

商业空间是顾客停留时间较短的场所，蕴含着人的流动意识。这种流动意识表现在两方面。首先，流动是商业空间的主体，人们进入商店有不同的购物选择，在商业空间里形成一种动的旋律，人与空间共同构成了四维空间的韵律。其次，人的流动支配商业空间，人不仅在空间环境中流动，还要支配空间。人的流动决定了走道宽度、柜台设置宽度及商业环境整体

图 5-28 商业广场绿化

的交通流线设计 (图 5-29)。

2. 展示性

商业空间只有通过一定的展示才能达到商业目的。要想使顾客对商店有所了解，商家就必须通过商品的展台、展示牌、展板甚至模特的表演来激发顾客的购买欲望，增加购买信心。商品的展示通过有秩序、有目的、有选择的手段来进行。一个好的展示空间设计会给顾客留下良好的印象，否则，就不能产生相应的商业价值。商业环境展示空间的设计受到许多因素的制约，设计时应处理好这些因素之间的相

图 5-29 流动空间

互关系。此外，设计人员还要研究人与人的互动关系及顾客视线移动时的效果，加强人与空间环境的关系，创造并展示空间戏剧性。除一般的展示设计外，商业空间的绿化设计还应注意展示空间的重点设计，使顾客在心理上对商品产生连续的注意而达到被吸引的目的，但要与周围的展示设计相呼应。在当今社会中，消费文化是时代的象征和标志，进行商业空间设计时应不断创造出适应顾客心理、具有新艺术潮流的展示空间（图5-30）。

3. 娱乐性

有的商业空间为消费者提供各类娱乐场所，以满足人们的精神需求，释放工作和学习中的压力，同时也具有休闲性质（图5-31）。

图5-30 展示空间

图5-31 娱乐空间

二、商业步行街道设计

城市街道广场绿化是城市公共空间绿化的重要组成部分。城市道路绿化不仅能够美化市容、组织交通，而且在净化空气、降低噪声和降低地面辐射等方面都能起到积极的作用。商业步行街主要为人们提供步行、休息、社交、聚会的场所，增进人际交流和地域认同感，有利于培养居民关心、维护市容的自觉性。城市街道广场绿化能够促进城市社区经济繁荣，减少空气污染、视觉污染、交通噪声，并使建筑环境更富有人情味，还可减轻机动车对环境造成的污染，减少事故的发生 (图 5-32)。

街道是穿越城市的运动流线，是人们认识城市的主要视觉场所。建筑的连续性是依赖于街道的连续而建立起的空间秩序。街道的环境绿化设计应注意街道的绿化和城市设施的设计。绿化应考虑树种的选择、植物的形态及色彩的搭配。对于狭窄的街道应尽量林荫化，创造以绿景为主的街道景观 (图 5-33)。

1. 特色设计

步行商业街环境由街道路面、街道设施和周围环境组合而成，也就是人们从步行商业街上看到的一切，包括铺地、标志性景观 (雕塑、喷泉等)、建筑立面、橱窗、广告、游乐设施、街道小品、街道照明、植物配置等景观要素。步行商业街环境绿化设计就是将所有的景观要素巧妙、和谐地组织起来的一种艺术 (图 5-34、图 5-35)。

2. 人性化设计

商业步行街环境绿化设计要遵循人性

图 5-32　步行街道

图 5-34　特色雕塑

图 5-33　林荫街道

图 5-35　创意喷泉

图 5-36　休闲座椅设计

图 5-37　生态化设计

化原则。商业步行街具有积极的空间性质，为城市空间的特殊要素。它的空间性质不仅表现在物理形态上，还表现在功能上。商业步行街普遍被看作是人们公共交往的场所，它的服务对象是人，街道的尺度、路面的铺装、小品的设备都应具有人情味（图 5-36）。

3. 生态化设计

在商业步行街环境绿化设计中，要遵循生态化原则。生态化是现代空间设计的主流。步行商业街的设计应注重绿色环境的营造，重视绿化，有效降低噪声和废气污染（图 5-37）。

三、停车位设计

停车位是相关部门规划的用于专门停车的位置。停车位有的在地下停车场，有的位于住宅小区内。一般居民住宅的停车位又分为车位与车库两种类别。我们主要学习车位的绿化设计。

停车位的地面铺装通常比较单调。为改变这一现状，在车轮轧不到的区域或者车挡住的区域，可以精心地做上绿化。在车轮轧不到的中央部位种上草皮，周边用低矮灌木或地被植物围合，地面再以拼花方式铺上瓷砖或砖、枕木等，就能让空间变得多样化。

1. 砌块混凝土间隙绿化

在铺设混凝土、地砖的狭缝空间内栽植健壮、耐踩踏的植物，停车位也会产生柔美的感觉（图 5-38）。

图 5-38　间隙绿化

图 5-39　绿化隔离带设计

2.绿化隔离带设计

在两个车位甚至多个车位之间设置绿化隔离带分隔车位，能防止车子在阳光下曝晒，还能美化环境、净化空气、防尘、防噪音(图 5-39)。

第三节
城市广场环境绿化设计

随着时代的发展和城市人口的增多，城市变得越来越拥挤，城市绿化空地越来越少，人与自然之间变得越来越疏远。人们不断追求改善内部居住环境，同时越来越渴望回归自然、接近自然，城市广场环境绿化设计由此得到飞速发展。城市广场环境绿化不仅仅用于观赏，更注重人与自然的和谐，以便更好地为人们的日常生活服务(图 5-40)。

城市广场环境绿化设计应以绿色植物造景为基础，减少硬质铺装，让绿色植物

的亲和性在景观小品中的设计与装饰中充分体现，以期形成树大荫浓、温馨和谐的氛围，产生良好的生态效益。

一、城市广场的类型

1.市政广场

市政广场位于城市中心位置，通常是城市行政中心，用于举行政治集会、文化集会、庆典、游行、检阅、传统民间节日活动的场所。市政广场一般面积较大，以硬质铺装为主，便于人群活动，不宜过多布置娱乐性建筑及设施(图 5-41)。

2.纪念广场

纪念广场是以纪念人物或事件为主要目的的广场。广场中心或侧面以纪念雕塑、纪念碑等纪念性建筑作为标志物，主体标志物位于构图中心，其布局及形式应满足气氛及象征的要求，广场应远离商业区和娱乐区，宁静的环境气氛能突出严肃的纪念主题和深刻的文化内涵，增强纪念效果。建筑物、雕塑、竖向规划、地面纹

123

图 5-40　城市广场绿化

图 5-41　沈阳市政广场

图 5-42　纪念广场

理应相互呼应,以加强整体的艺术表现力(图 5-42)。

3. 交通广场

交通广场是交通的连接枢纽,起交通、集散、联系、过渡及停车的作用,应具有合理的交通组织。交通广场通常分为两类:一类是城市交通内外会合处,如汽车站、火车站前广场;另一类是城市干道交叉口处交通广场,即环岛交通广场。交通广场应满足畅通无阻、联系方便的要求,同时占有足够的面积及空间,以满足车流、人流安全的需要,可以从竖向空间布局上进行规划设计,以解决复杂的交通问题,并分隔车流和人流(图 5-43)。

4. 商业广场

商业广场是用于集市贸易和购物的广

场,在商业中心区以室内外结合的方式把室内商场和露天、半露天广场结合在一起。商业广场大多采用步行街的布置方式使商业活动区集中。广场中宜布置各种城市小品和娱乐设施(图 5-44)。

5. 宗教广场

宗教广场布置在宗教建筑前,是用于举行宗教庆典、集会、游行、休息的广场。宗教广场的设计应以满足宗教活动为主,表现宗教文化氛围和宗教建筑美,通常有明显的轴线关系。建筑物对称布置,广场上设有供宗教礼仪、祭祀、布道用的平台、台阶或敞廊。宗教广场有时与商业广场结合在一起(图 5-45)。

6. 休息及娱乐广场

休息及娱乐广场是供人们休息、娱乐、

图 5-43　交通广场

图 5-44　厦门瑞景商业广场

图5-45 布拉格广场

图5-46 休息及娱乐广场

交流的广场。此类广场通常选择在人流较密集的地区，便于市民使用。广场的布局形式、空间结构灵活多样，面积可大可小。广场中间布置座椅等供人们休息，设置花坛、雕塑、喷泉、水池及城市小品供人们观赏。广场应具有欢乐、轻松的气氛，并以舒适方便为目的（图5-46）。

广场地面铺砌应根据地方特点，采用植被、硬地或天然状的岩石等组合的方式。选择铺地材料应注意：铺地材料的肌感影响人行速度；细的铺地纹理可用以强调原有地形的品质和形状，增强尺度感，成为上部结构的衬托；基地纹理可以提示人们外部空间的尺度设计；场地纹理变化可暗示表面活动方式，划分人流、车流、休息、游戏等区域，同时对广场特征气氛和尺度产生影响，还可以刺激人的视觉和触觉感受。

二、广场的绿化规划设计

1. 设计风格

广场的绿化设计应该与城市绿化的总体风格、广场总体设计相一致，应该充分考虑到功能的需求，配合周边建筑、地形等与之形成良好的广场空间体系。

2. 种植形式

广场绿植的种植形式以规则式为主，可以群植、列植，同时穿插自然式种植，营造生动活泼的环境氛围。另外，花坛式种植是广场最常用的种植形式之一，大量的花坛群和图案式种植具有很强的装饰性，使广场更加壮观和靓丽（图5-47）。

3. 树木的选择

广场树木的选择应该以当地树种为主，选择色彩丰富、树形美观、冠大、叶密的树种。树种要求抗性强、深根性、耐修剪、寿命长，不应有飞絮，最好不要有落果（图5-48）。

4. 绿化覆盖率

在城市广场上植树、种花、铺草或设置水池、山石、园路、建筑小品等，可以丰富广场的建筑艺术。绿化地段的面积随城市规划而定。大型广场一般开放供人游憩，小型广场主要为美化城市景观之用，不许行人入内。

提高绿地覆盖率，增强生态效益。杭州素有"人间天堂"的美誉，森林覆盖率达64.77%。市区人均园林绿地面积达45.16 m²，人均公共绿地面积11.75 m²，而在广场上形成的绿地占了相当大的比

图 5-47　规则式种植

图 5-48　广场树木的选择

126

图 5-49　杭州特色绿化

例，杭州曾获得"国际花园城市"的美誉(图5-49)。

第四节　案例分析
——店面绿化设计

在户外街区绿化中，常常伴随出现的还有街边店铺。随着现代生活的不断发展，人们对环境绿化的追求更加细致，大到公园广场的环境绿化设计，小到周围小环境的绿化设计，人们对美的事物产生更加强烈的追求。

现代店铺的主要功能不再仅仅作为销售场地，体验式消费模式正在冲击着传统的消费模式，人们在消费的过程中更加注重个人感受与商家服务，而一个良好的购物环境起着重要作用 (图 5-50)。

以奶茶店为例，一家店位于街边，点完餐之后顾客只能站在路边等待取餐。而另一家店拥有干净、舒适的环境，还能为点餐的客人提供桌椅、免费无线上网等服务，相比之下选择后者的顾客可能会更多一些 (图 5-51、图 5-52)。

阿姆斯特丹的一家果汁店位于一个十字街头，人们站在路口能够第一时间关注到它。首先是这家店的外墙装饰与周边环

图 5-50　店面绿化

图 5-51　街边的小店

图 5-52　咖啡厅

境不同，周边环境的装饰主要以红色和白色为主，一整排的店铺在外观上无法突出自身的特点。这家果汁店将外墙重新设计，

采用黑白及大量的玻璃幕墙设计，在视觉上呈现别具一格的特点（图 5-53）。

其次这家店在平面布局上也很特别

(a)

(b)

图 5-53　店面外墙装饰

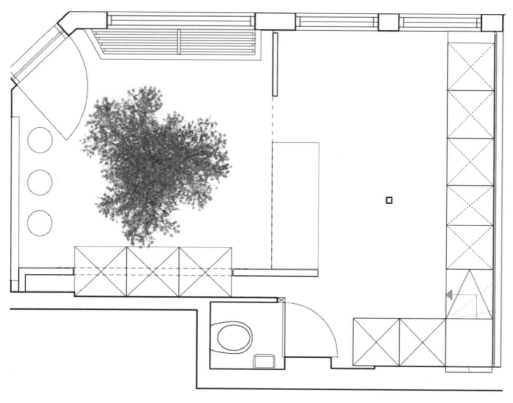

图 5-54　平面布局图

（图 5-54）。布局上一分为二，前面是服务区，后面是储藏室。从门口进来首先映入视线内的就是中间的一棵常绿树，依次是座椅、吧台、立式冰箱。在橱窗上还展示了应季的新鲜水果，保证向顾客提供新鲜的果汁（图 5-55）。

将室外的树搬进室内并与周围环境巧妙融合，这个设计无疑为这家小小的果汁店加分不少，从而为这家店带来了高效的收益（图 5-56）。

图 5-55　绿化展示设计

图 5-56　室内绿化设计

思考与练习

1. 户外绿化的设计原则是什么？

2. 园林绿化设计的主要手法有哪些？

3. 在景区绿化设计中需要注意哪些细节？

4. 常见的园林植物有哪些？

5. 景区设计的主要手法是什么？

6. 城市广场的类型有哪几种？每种类型对应的代表性广场有哪些？

7. 商业空间的绿化设计有哪些表现手法？请举例说明。

8. 商业步行街设计要注意哪些问题？

9. 常见的广场设计都有哪些功能？

10. 生活中处处可见绿化设计，请对某著名景观的绿化要点进行分析。

第六章
立体绿化设计

学习难度：★★★★★

重点概念：立体绿化概念、设计方式、发展前景

　　城市立体绿化是城市绿化的重要形式之一，是改善城市生态环境、丰富城市绿化景观的有效方式。发展立体绿化能丰富城区园林绿化的空间结构层次，并增强城市立体景观的艺术效果，有助于进一步增加城市绿量，减轻热岛效应，减少噪音和有害气体，改善城区生态环境，还能吸尘，保温隔热，节约能源，也可以滞留雨水，缓解城市下水、排水压力（图6-1）。

图6-1　立体绿化

第一节
立体绿化概述

立体绿化是指充分利用不同的立地条件，选择攀缘植物及其他植物栽植并依附或者铺贴于各种构筑物及其他空间结构上的绿化方式，包括立交桥、建筑墙面、坡面、河道堤岸、屋顶、门庭、花架、棚架、阳台、廊、柱、栅栏、枯树及各种假山与建筑设施上的绿化。

立体绿化是指除平面绿化以外的所有绿化，其中具有代表性的绿化形式包括垂直绿化、屋顶绿化、树围绿化、护坡绿化、高架绿化等。有人也将立体绿化称为建筑绿化，因为大部分立体绿化都运用在建筑上，而护坡绿化往往用于堤坝防水，是防止泥土流失的一种方式。城市飞速发展带来绿化面积不达标、空气质量不理想、城市噪音无法隔离等难

题，因此立体绿化将是绿化行业发展的大趋势（图6-2）。

现在城镇的建筑物朝着多层、高层和高密度的方向发展，并逐步侵占极为有限的绿色空间。如今在政府的支持和专家的倡议下，一系列城市绿化规划和法规陆续出台，房地产商和企事业单位共同努力，通力合作，逐步开拓城市绿化空间，通过垂直绿化改善城市生态环境，将屋顶和天台、凉台全部进行绿化设计，为市民创造绿色空间，提高市民生活的品质。

世界各地的许多城市十分重视立体绿化，日本在这方面已走在了世界前列。为了增加绿地，改善生态环境，东京开展了屋顶绿化运动，随后，日本各大城市也开始兴建高档天台的空中花园（图6-3）。

1991年，东京都政府颁发了城市绿化法律，法律规定在设计大楼时，必须

图6-2　建筑绿化

图 6-3　空中花园

图 6-5　立体花墙

图 6-4　屋顶花园

提出绿化计划书。1992 年又制定了《都市建筑物绿化计划指南》，使城市绿化更为具体。东京都市绿化运动由东京建设、造景等 48 家公司组成的高档天台开发研究会率先发起，得到了东京都政府的大力支持。目前，日本东京已出现不少小型屋顶花园、空中花园等，既吸引众多游客，也造福了东京市民。为了使东京成为 21 世纪的绿色城市，日本在绿色屋顶建筑中采用了许多新技术，例如人工土壤、自动灌水装置，甚至有控制植物高度及根系深度的种植技术（图 6-4）。

1999 年，东莞市心耕生态环境工程有限公司首先引进立体花墙，在国内引起

轰动效应，随后众多立体绿化模式迅速发展，心耕立体花墙绿化是绿色建筑的根本，能显著改善高空空气质量。立体墙体绿化不仅可以净化空气，大幅度提高负氧离子含量，而且可以防辐射、除甲醛、流通空气，还能够提高人们的艺术修养、陶冶生活情操等（图 6-5）。

2010 年上海世博会上涌现出一大批优秀的立体绿化企业，植物墙和屋顶绿化夺人眼球，具有代表性的技术有链模盆组技术、模块种植技术、植物袋种植技术，这些技术在上海、武汉、广州、杭州等城市成功得到广泛应用，并且得到广大市民一致认可（图 6-6）。

第十届中国国际园林博览会（简称"园博会"）在武汉园博园举办，展会主题为"生态园博，绿色生活"。与历届园博会选址于市郊不同，武汉园博园选址于中心城区，周围有 8 个居民社区，其中有不少安居房、还建楼。园博会主会场由金口垃圾填埋场改造而成，延伸至张公堤"一带十园"园林群，总面积相当于 5 个解放公园。武汉园博园建成后，极大地改善了当地居住环境，被誉为最亲民园博园（图 6-7）。

(a) 绿化吉祥物　　　　　　　　　　　　(b) 绿化墙

图 6-6　上海世博会绿化设计

图 6-7　武汉园博园

第十届中国国际园林博览会结束后，武汉园博园作为城市公园永久保留，主体建筑变身为城市婚礼中心、室内主题乐园、五星级酒店、园林会所等，继续发挥功用（图 6-8）。

我国城市在已建的各类建筑上寻找出路，将主体建筑四周的裙房屋顶进行绿化。这样不仅能有效地偿还被侵占的绿地面积，还可以增加城市的自然空间层，让人们俯瞰到更多的绿色景观，享受到大自然的美景，提高人们的生活质量。

屋顶绿化还可以起到冬季保温、夏季隔热的作用。在夏季，由于阳光照射，屋面温度比气温高得多。结构、颜色和材料不同的屋顶，温度的升高幅度不同，最高可达 70 ~ 80 ℃，由此产生的热应力大，较易破坏屋顶结构。而经过绿化的屋顶，由于水分蒸发和植物的吸收作用，消耗了大部分太阳辐射的热量。由于种植层的阻滞作用，屋顶种植层下屋顶表面的温度仅在 25 ℃左右，有效地阻止了屋顶表面温度升高，同时降低了屋

图 6-8　心形花架设计

顶下的室内温度。在我国北方采取屋顶绿化，冬季可以起到保温作用。如果屋顶绿化采用地毯式满铺地被植物，则地被植物及其轻质种植土组成的"毛毯"层，可以加强屋顶保温层的作用，取得良好的保暖效果。

第二节
墙体绿化

为了减轻城市热岛效应，提高绿化品质，建筑物墙体绿化的需求在不断上升。在城市绿地达到一定规模，原则性标准为 1000 m² 以上，部分地区为 300 m² 以上的用地范围内建造建筑物时，建造者有义务对该地块实施绿化。这种情况除了用地范围内的绿化外，墙体绿化也可计入绿化面积内。

一、墙体垂直绿化

1. 垂直绿化植物材料的选择

下面介绍几种常见的立体绿化形式以及与其相适宜的植物配置（图 6-9 ～图 6-14）。

墙体绿化中使用的常绿植物有常绿钩吻藤、铁线莲、常春藤或洋常春藤类等，落叶植物有爬山虎、凌霄等。也有生命力较顽强、可直接扎根于瓷砖墙体内的品种，为避免植物直接攀附建筑物基底，应搭建攀爬用支架。

墙体垂直绿化必须考虑不同习性的攀缘植物需要的环境条件，并根据攀缘植物的观赏效果和功能要求进行设计，还应根据不同种类的攀缘植物的习性，创造满足其生长的条件。东南向的墙面或构筑物前

有植物覆盖的墙面，温度通常可降低 2 ℃ ~7 ℃；同时空气相对湿度可以提高 10%-20%。

图 6-9　墙面绿化

图 6-13　坡面绿化

图 6-10　阳台绿化

图 6-14　屋顶绿化

图 6-11　花架绿化

图 6-12　栅栏绿化

应种植喜阳的攀缘植物；北向墙面或构筑物前，应栽植耐阴或半耐阴的攀缘植物；在高大建筑物北面或高大乔木下遮阴程度较大的地方，也应种植耐阴的攀缘植物。墙体垂直绿化植物种植带宽度为 500 ～ 1000 mm，土层厚度为 500 mm，根系距墙 150 mm，株距以 500 ～ 1000 mm 为宜。在容器 (种植槽或盆) 栽植时，高度应为 600 mm，宽度为 500 mm，株距为 2 m，容器底部应有排水孔 (图 6-15、图 6-16)。

2. 应用攀缘植物造景

应用攀缘植物造景时，要结合其周围的环境来合理配置，在色彩和空间大小、形式上协调一致，并努力实现品种丰富、形式多样的综合绿化效果。此外，还应丰

|(a)|(b)|

图 6-15　墙体绿化

富观赏效果，包括叶、花、果、植株形态等，使品种合理搭配，如地锦与牵牛、紫藤与茑萝，要做到季相变化丰富，远近期结合，开花品种与常绿品种相结合。攀缘植物造景形式有以下几种。

(1) 点缀式。以观叶植物为主，点缀观花植物，实现色彩丰富的绿化效果，如地锦中点缀凌霄，紫藤中点缀牵牛花等(图6-17)。

(2) 花境式。几种植物错落配置，观花植物中穿插观叶植物，呈现植物株形、姿态、叶色、花期各异的观赏景致。如大片地锦中有几块爬蔓月季，杠柳中有茑萝、牵牛等 (图 6-18)。

(3) 整齐式。整齐式体现有规则的重

图 6-16　种植槽绿化

攀缘植物根据不同的攀缘习性，可分为缠绕类、吸附类、卷须类和蔓生类。

复韵律和统一的整体美，成线成片，但花期和花色不同。如红色与白色的爬蔓月季、紫牵牛与红花菜豆、铁线莲与蔷薇等。整齐式的绿化布局应力求在花色上达到艺术化，创造美的效果 (图6-19)。

(4) 悬挂式。在攀缘植物覆盖的墙体

|(a)凌霄|(b)牵牛花|

图 6-17　点缀式设计

图 6-18 花境式设计

图 6-19 整齐式设计

138

上悬挂应季花木，丰富色彩，增加立体美的效果。悬挂式造景应用钢筋焊铸花盆套架，用螺栓固定，托架形式应讲究艺术构图，花盆套圈负荷不宜过重，应选择适应性强、管理粗放、见效快、浅根性的观花、观叶品种。布置要简洁、灵活、多样，富有特色（图 6-20）。

（5）垂吊式。在庭院棚架顶、墙顶或平屋檐口处，放置种植槽，种植花色艳丽或叶色多彩、飘逸的下垂植物，让枝蔓垂吊于外，既充分利用空间，又美化环境。材料可用单一品种，也可用季相不同的多种植物混栽，如凌霄、木香、蔷薇、紫藤、常青藤、菜豆、牵牛等，容器应式样轻巧、牢固，不怕风雨侵袭，底部应有排水孔（图

6-21）。

3. 攀缘植物的栽植

攀缘植物的栽植应按照种植设计所确定的坑位定点、挖坑，坑穴应四壁垂直、低平，坑径或沟宽应大于根径 100 ~ 200 mm。不能采用一锹挖一个小穴将苗木根系外露的栽植方法。栽植前，若有条件，可结合整地，向土壤中施基肥。肥料宜选择腐熟的有机肥，每穴应施 0.5 ~ 1.0 kg，将肥料与土拌匀施入坑内。栽植后应做树堰，树堰应坚固，用脚踏实土埂，以防跑水。

在草坪地栽植攀缘植物时，应先将植物起出草坪，栽植后 24 小时内必须浇足第一遍水，2 ~ 3 天后浇第二遍水，隔 5 ~ 7 天后浇第三遍水。浇水时如遇跑水、

图 6-20 悬挂式设计

图 6-21 垂吊式设计

下沉等情况，应随时填土补浇。

4. 垂直绿化养护

攀缘植物的牵引工作必须贯穿始终。按不同种类攀缘植物的生长速度，栽后年生长量应达到 1～2 m。植株无主要病虫危害症状，生长良好，叶色正常，无脱叶、落叶的现象。认真采取保护措施，防止缺株和人为损坏，发生问题时应及时处理，实现连线成景的效果。及时修剪，使其疏密适度，保证植株叶不脱落，维持常年的整体效果。此外，从植株栽植后至植株本身能独立沿依附物攀缘，垂直绿化需要对植物作牵引，使其向指定方向生长。

二、墙面绿化

墙面绿化投资少，易管理，容易实施，是寻求"再生土地"的有效措施。墙面绿化要因地制宜，应根据所处的地理、气候等自然环境选择配置植物，要以建筑物的美观需要进行配置，要清楚墙面绿化的意义和作用，同时要选择基础墙面进行绿化。

通常建筑物的墙面分为清水墙面和混水墙面。清水墙面就是较为普遍的红砖或青砖砌筑的砖外墙面。墙面的外表不进行任何装饰，只进行勾缝处理。而混水墙面是指在砖墙和其他材料的墙板外，再用各类饰面进行粉饰。混水墙的外饰面最常用的有砂浆抹面、水刷石墙面、塑料漆喷涂墙面、铝合金装饰板、镜面玻璃幕墙等。

墙面绿化要取得良好的效果，除选择适合在当地生长的攀缘植物外，关键在于要使植物紧紧扎根地面，同时按照生长习

性固定在墙面上。实践证明清水墙面比混水墙面更适合墙面绿化。尤其是一些旧房屋，外观并不美观，短时间内还不会拆迁，这种地方应该种植大量的攀缘植物，既能美化旧建筑物，拓展绿化空间，又可以对墙体起到保护作用。例如清华大学图书馆，已建造了 70 多年，墙上爬满了爬山虎，几十年的风风雨雨，墙面红砖依然毫无损伤，砖面光亮，棱角规整，亦无风化现象(图6-22)。

中小城市的建筑外墙大多采用各种乳液涂料饰面。在乳液涂料墙面上进行绿化时，应了解涂料成分是否会对所种植物产生不良影响。因为某些化学合成物质对植物有害，如不了解涂料成分对植物的不利影响，大量攀缘植物将因此受病害或死亡，影响美观，甚至造成严重的经济损失。

现代城市建筑的材料大多采用铝合金板墙面和玻璃幕墙面。这些人工合成的光洁度很高的材料上不宜种植攀缘植物，因为攀缘植物在光洁度高的材料上不易固定，一遇大风就容易脱落。如果为了美化设计而装饰攀缘植物，一定要另外采取一

图 6-22 清华大学图书馆旧馆

图 6-23　挡土墙

图 6-24　河道护坡

140

些利于吸附、固定的处理措施，比如加饰一些线条、网架、丝网等。另外，金属板和玻璃属于吸热材料，在炎热的环境中，尤其是在我国南方酷热的天气下，植物不能正常生长，甚至会干死。

在我国北方，要周密考虑墙面绿化越冬的防冻、防寒计划，要预料冬季的美化效果。如在北方建筑上种植攀藤植物，冬天绿叶会枯死，因此藤干要有一定的造型设计和装饰构图。这就要求设计师投入较多的心血，巧妙地设计，使藤干和枯叶合理搭配，以美化北方冬季的风景，丰富北方冬季的景观。比如欧式墙面多饰一些葡萄藤，中式墙面多饰一些紫藤。

除建筑物的墙面外，挡土墙、河道护坡等处都可进行绿化，这样有利于美化市容和保护环境。绿化形式可以多样化，有些城市建设在丘陵地带，街道和建筑物周边都会建一些人工挡土墙，为了承受土石压力，挡土墙采用石料或混凝土墙。在对其进行绿化时，施工前要根据周围的建筑物和环境景观的风格特点，采取相适应的、风格统一的设计手法，设计空心的混凝土图案和造型的挡土墙，可以利用空隙

种植护坡草，设计石料材质的挡土墙可以装饰种植藤本蔓生植物（图 6-23、图 6-24）。

第三节
屋 顶 绿 化

屋顶绿化首先应考虑建筑物平面、立面的限制。地形改造只能在屋顶结构楼板上堆砌微小地形，不能下挖水池，绿化造型多在平面构成设计上变化多样。屋顶绿化完全建在人工地基的屋顶楼板上。一切绿化景观要素都受到屋顶结构的限制，不能随心所欲地运用造园因素挖湖堆山（图 6-25）。

一、种植区的构造与种植设计

屋顶绿化应以绿色植物为主体。在屋顶有限的面积和空间内，各类草坪、花卉、树木所占的比例应在 60% 以上。为了达到理想的绿化效果，应该运用各种材料在屋顶上建造使植物生长良好的形状各异、深浅不一的种植区和种植池（图 6-26）。

屋顶绿化种植区与露地相比较，主要

图 6-25 屋顶绿化

图 6-26 种植区

的区别在于种植条件的不同。屋顶绿化既要尽可能模拟自然土壤的生态环境，又要克服屋顶排水、防水等困难，减轻屋顶荷重。屋顶的种植土是人工合成的营养土，所以要设置过滤层以防止种植土随浇灌水和雨水流失。如果人工合成土中的细小颗粒随水流失，不仅影响了土壤的成分和养分，而且会堵塞建筑屋顶的排水系统，甚至会影响建筑物下水道的畅通。因此，必须在种植土的底部设置一道防止细小颗粒流失的过滤层。

小 / 贴 / 士

常见的花池有正方形、矩形、圆形、菱形、梅花形等。

花池的图形应根据屋顶的具体环境和场地来确定。池壁高度要根据植物品种而定，地被植物在厚度为 100 ~ 200 mm 的种植土中即可生长；大型乔木则需要厚度为 1000 mm 以上的种植土，其种植池相对要高一些，才能保证树木的正常生长。池壁常用普通黏土砖砌制，也可用空心砖横向砌制，透气性好，有利于植物生长，表面装饰采用贴面砖、石材、陶砖、理石、花岗岩等。

大型屋顶花园，尤其是与建筑同步建造的屋顶花园，多采用自然式种植池。这种种植形式与花池种植相比有许多优点。首先，它可以根据地被花灌木、乔木的品种和形态，形成一定的绿色生态群落，产生自然的绿化效果。其次，它可利用种植区不同种植物的需求和种植土的深度，使屋顶出现局部的微地形变化，从而增加屋顶的造景层次。微地形既适合种植的要求，又便于屋顶排水。再次，自然式种植区与园路结合，曲折的园路与起伏的地形可延长游览路线，达到步移景异的景观效果。

二、屋顶绿化的植物配植

屋顶绿化使建筑与植物更紧密地融为一体，丰富了建筑的美感，也便于业主游憩，减少市内大公园的压力。屋顶绿化的植物配植是指植物栽植于建筑物顶部、不与大地土壤连接的绿化。

1. 屋顶绿化的特点

屋顶绿化与大地隔离，因此屋顶绿化土壤不能与地下水连接，屋顶种植的植物所需水分完全依靠自然降水和浇灌。由于建筑荷重的限制，屋顶的种植土层厚度较小，有效土壤水的容量小，土壤易干燥。此外，屋顶接受的太阳辐射强，光照时间长，对植物生长有利。屋顶温差变化大，夏季白天温度比地面高 3 ~ 5 ℃，夜间比地面低 2 ~ 3 ℃；冬季屋面温度比地面高，有利于植物生长。但是，屋顶风力比地面大 1 ~ 2 级，对植物生长不利，相对湿度比地面低 10% ~ 20%，植物蒸腾作用强，更应加强保水。

2. 屋顶绿化的种植设计

屋顶绿化的形式主要有花园形式、色块图案形式和应季布置形式。屋顶绿地分为坡屋面和平屋面两种，坡屋面多选择贴伏状藤本或攀缘植物，平屋顶以种植观赏性较强的花木为主，并适当配置水池、花架等小品，形成周边式和庭院式绿化。屋顶绿化数量应经过荷载计算确定，考虑绿化的平屋顶荷载为 500 ~ 1000 kg/m^2，为减轻屋顶的荷载，栽培介质常用轻质材料按比例混合而成。

3. 植物材料的选择

屋顶绿化对植物材料的选择应符合屋顶环境的条件和特点。屋顶绿化的植物材料一般选择适应性强、耐干旱、耐瘠薄、喜光的花、草、地被植物、灌木、藤本和小乔木 (见图 6-27)，不宜选用根系穿透性强和抗风能力弱的乔木、灌木。常见的屋顶绿化植物很多，如红枫、木芙蓉、桂花、紫藤、七里香、蔷薇、葡萄等。

图 6-27 屋顶庭院绿化

屋顶花园对建筑结构的承重、防水等方面提出更高的要求。我国南方地区气候温暖，空气湿度较大，根浅、树姿轻盈、花叶美丽的植物适宜配植在屋顶花园中。在屋顶铺设草皮，再植以花卉和花灌木，效果更佳。

在北方营造屋顶花园面临的困难较多，冬天严寒，屋顶薄薄的土层容易冻透，而早春的旱风在冻土层解冻前易将植物吹干，故宜选用抗旱、耐寒的草种，宿根、球根花卉以及乡土花灌木，也可以采用盆栽、桶栽，冬天便于移至室内过冬。

小/贴/士

三、屋顶绿化的分类

屋顶绿化的设计和建造应因地制宜，要巧妙地利用立体建筑物的屋顶、平台、阳台、窗台、檐台、女儿墙和墙面等开辟绿化场地，并使这些绿化具有园林艺术的感染力。屋顶绿化采取借景、组景、点景、障景等造园技法，创造出不同使用功能和性质的绿化环境，体现实用、精美、安全的设计原则。按照使用要求划分的屋顶绿化的类型和形式是多种多样的，不同类型的屋顶花园绿化在规划设计上亦应有所区别（图6-28）。

目前，屋顶绿化已经成为一个新的行业，与地面绿化同属城市园林绿化的范畴。

图6-28 屋顶绿化环境

1. 按使用要求区分

(1) 经营性屋顶花园。根据国际上评定宾馆星级的要求，屋顶花园是星级宾馆的组成部分之一。此类屋顶花园的使用功能较多，如开办露天歌舞会、冷饮茶座，这些功能占用了大部分屋顶绿化面积，因此，花园中的一切景物，如花卉、小品，均以小巧精美的特点为主。植物配置应考虑其使用特点，选用既美观又在傍晚开花的芳香品种。照明设施灯具等应选用精美、高雅、安全、适用的种类。同时屋顶绿化配置应与主体建筑和总体装饰设计风格协调统一 (图 6-29)。

(2) 公共性屋顶花园。公共场所的屋顶绿化除具有生态效益外，在设计上应考虑到服务对象的公共性。在出入口、场地布局、植物配置等方面满足人们在屋顶上活动、休息的需要，此外，还要留有大面积空间便于人们驻足、聚集，因此应设置宽阔的场地、通畅的道路，便于人们活动。植物的种植多采用规整的种植池或各种花池、花坛种植池，错落有致地合理布置，地被植物、地被花灌木及乔木层次分明，整洁美观，便于管理 (图 6-30)。

(3) 家庭式屋顶花园。近年来随着复式房和多层阶梯式住宅公寓的增多，人们开始重视屋顶绿化，屋顶小花园成为住宅必不可少的一部分。屋顶小花园一般面积较小，多在 10 ~ 30 m² 之间，除了种草养花外，还可设置一些小品和小体积的景观等，运用中国园林少而精的内容造景，创造出 "小中见大" 的优美环境。为营造绿色空间的氛围，可利用墙体和栏杆进行垂直绿化，绿色的植物可以延伸到家庭的厅房里，使人们在都市里体验到自然风光，以提高家庭的生活质量。有些住户还利用屋顶空间种植一些时令瓜果蔬菜，供家人和左邻右舍尝鲜 (图 6-31)。

2. 按绿化空间开敞度划分

根据屋顶绿化空间的开敞程度，绿色空间大致分为开敞式、半开敞式和封闭式 3 种。

(1) 开敞式。屋顶周边与其他建筑构件不相接，成为一座独立的空中花园，常采用片状的地毯式绿化形式，视野开阔，通风良好，可无障碍地观赏城市的美景 (图 6-32)。

(2) 半开敞式。屋顶花园的一侧、两

图 6-29　经营性屋顶花园

图 6-30　公共性屋顶花园

图 6-31 家庭式屋顶花园

图 6-32 开敞式屋顶花园

侧或三面被建筑物包围，一般为周围的主体建筑服务，可充分利用墙面进行垂直绿化，种植一些盆景植物（图 6-33）。

(3) 封闭式。花园的四周被较高的建筑物围住，形成天井式空间。这种全封闭的屋顶花园最适合北方寒冷地区，天井式空间可罩上透光、遮雨材料，有利于保温，为花木越冬提供良好的环境。屋顶花园还可以成为四通八达的流动空间，为四周建筑提供休闲服务，与屋顶花园相比，此类花园更能给人以安全感（图 6-34）。

四、屋顶绿化的养护管理

屋顶绿化改善了屋顶眩光的情况，美化了城市景观。屋顶绿化利用绿色植物覆盖了一些反光、眩光的材料，减少了日趋恶化的光污染，同时还起到了夏季隔热和保护防水层的作用。为保证建筑室内冬暖夏凉，在屋顶结构楼板上，一般要做保温隔热层。保温隔热层设置在屋顶防水层之下，各类卷材和黏结材料通常暴露在空气中，夏季经受日光曝晒，冬季经受冰雪寒风侵蚀，久而久之，屋顶防水层的材料因热胀冷缩而老化或破裂，造成屋顶漏水。屋顶绿化为保护防水层、防止屋顶漏水开辟了新途径。

屋顶绿化的环境特征主要表现为植物土层薄、营养物质少、缺少水分，同时屋顶风大，阳光直射强烈，夏季温度较高，冬季寒冷，昼夜温差大。屋顶的养护管理主要包括以下内容：定期检查构筑物的安

图 6-33 半开敞式屋顶花园

图 6-34 封闭式屋顶花园

全性；疏通排水管道，防止其被枝叶、泥土等阻塞；注意防风、防倒伏；修枝整形，控制植物生长过大、过密、过高；屋顶植物施肥宜用复合型有机肥；适时浇水以保持土壤湿润，确保植物正常生长；注意检查和防治病虫害。

屋顶绿化气流通畅、污染较少、日照时间长，为植物进行光合作用创造了良好的环境，有利于植物生长。屋顶昼夜温差大，对依赖阳光和温度进行光合作用的植物在体内积累有机物十分有利。例如深圳职业技术学院生物系师生在屋顶上种植的西瓜和草莓甜度很高，经化验，屋顶上种植的草莓比地面上种植的草莓含糖量提高了 4% ~ 5%。同时，屋顶上种植的草莓与地面上种植的草莓相比较，草莓的成熟期提前了 8 ~ 10 天。再如在屋顶上种植的月季花、玫瑰花、杜鹃花，比地面上种植的同类品种叶片更厚实、更浓绿，花朵更大，色质更艳丽，花蕾数比地面上的多 2 倍，花期开放时间提前近 1 个月。河南省洛阳市花农把牡丹花带到深圳，在屋顶上进行栽培，原本在四月份开放的牡丹花竟然在深圳的春节期间盛开。

屋顶绿化的另外一种形式是按照某一区域总体规划的要求，将许多单体建筑围成一个或多个新空间，根据使用要求，在此大空间的各层用钢筋混凝土柱、梁、板建起架空平台，在平台上按照不同的功能要求和造园艺术建造多功能的天台花园，种植花草植物、布置小型景观等。平台下原有的地面则开辟为停车场、公共交通车站、小巴车站或书报刊亭等。居民们通过有顶的长廊走入建筑，各种机动车不得进入天台，这在不同程度上减轻了交通废气污染和噪声对居民的不良影响。

屋顶绿化区的排水设置

小/贴/士

在屋顶绿化区设置排水层，是在人工合成土、过滤层之下设置排水、储水和通气层，以利于植物生长。设置排水层首先是为了改善屋顶人工合成土壤的通气状况，其次是储存多余的水以利备用。植物主要是依靠根系吸水，在土壤含水适量而又透气良好的情况下，植物根系就比较发达。影响根系吸水的外界条件主要是土壤含水量、土壤温度和土壤的通气状况。当土壤的通气状况良好时，大多数元素可以被植物吸收；而当土壤的通气性较差时，一些元素则以毒质状态存在，从而抑制植物的正常生理活动。因此，屋顶绿化种植区的排水层是必不可少的。

种植区的防水、排水和建筑物屋顶防水、排水是一个问题的两个方面，除建筑物屋顶原设的防水、排水系统外，在屋顶绿化的种植区

和水体 (水池、喷泉) 等再增加一道防水、排水措施，即在种植区范围内的排水层下做一层独立、封闭的防水层。相对整个屋顶而言，种植区范围的防水层面积是很小的，因此，除常用的卷材防水外，可以采用一些其他的防水做法，如用紫铜板或硬塑料做防水层。种植区要排出的水通过排水层下的排水管或排水沟汇集到排水口，最后通过建筑屋顶的雨水管排入下水管道中 (图 6-35)。

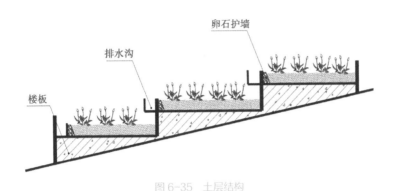

图 6-35 土层结构

第四节 案例分析
——广州万科峰境立体绿化设计

广州万科峰境小区是位于白云大道上的一座现代化住宅小区。小区地理环境优越，周围分布许多商场及公共建设设施。在环境建设上，广州万科峰境小区作为广州首个全社区获得绿色三星建筑设计标识的项目，其中的一大亮点为立体环绕式绿化建筑，它将小区的绿化向纵向延伸，在建筑体上栽种植物，搭建空中花园 (图 6-36)。

万科峰境作为广州市住宅中唯一的立体绿化设计社区，整体绿化覆盖率达到70%，立体绿化在隔热降温、减少噪音方面都带给业主全新的生态体验。绿化用水

方面，水景补水全部采用传统水源，收集的屋面雨水可全年用于绿化浇灌、道路冲洗等 (图 6-37)。

在建筑设计上，万科峰境小区学习新加坡等城市的建筑理念，在下沉广场、地面、公共出挑平台、屋顶、外立面、住户阳台、屋顶花园上，均覆盖绿色植物，外立面的木饰面处理和绿色外墙的融合使项目呈现出立体花园的形态 (图 6-38)。

立体绿化设计除了提升住宅的视觉感受之外，还可以通过树叶的不同形态和整体布局过滤空气中的有害灰尘，净化空气，改善城市的热岛效应。虽然万科峰境位于白云山脚下，空气清晰，立体绿化系统进一步通过植物之间的竞争关系，形成稳定的生态系统，从而形成社区建筑与自然环境的新型互动关系。

图 6-36　广州万科峰境小区空中花园

(a)

(b)

图 6-37　生态体验

(a)

(b)

图 6-38　屋顶阳台绿化

思考与练习

1. 请简要叙述立体绿化的概念。

2. 立体绿化的主要形式有哪些?

3. 墙体绿化的意义是什么?

4. 垂直绿化主要体现在哪些建筑上?

5. 常见的墙体绿化植物有哪些?

6. 屋顶绿化的主要特征是什么?

7. 立体绿化在空间形式上主要划分为哪几类? 设计表现方式是什么?

8. 立体绿化设计的环境效益有哪些?

9. 简要分析立体绿化的发展前景。

10. 结合近几年新开盘的楼盘绿化设计，谈谈我国在立体绿化设计上的突破与创新。

第七章

绿化设计材料应用

学习难度：★★★★★

重点概念：选材、制作手法、材料应用

章节导读
在中国城市化迅速发展的今天，城市环境绿化建设正如火如荼地进行着。在这种情况下，如何选取优质的环境绿化材料成为一个重要问题。环境绿化材料作为环境绿化设计建设最基本的物质构件，也是表达设计理念不可或缺的载体（图7-1）。

图 7-1　城市建设

第一节
木 质 材 料

木结构建筑在我国有悠久的建造历史，是我国古代建筑的主要结构类型。中国古代木结构体系主要分为抬梁式、穿斗式和井干式三种。宫殿、寺庙和住宅都采用木材制作梁、架、檩、柱、斗拱、雀替等构件，连接方式多采用中国古建筑中特有的榫卯连接，其灵活的风格、合理的布局、适宜的建筑体量以及精巧的装修在世界享有盛誉，是古老的五大建筑体系之一。中国古代木结构建筑中有著名的辽代应县木塔，还有数不胜数的寺庙禅院（如洪塘镇保国寺）和遍布全国的各种居民住宅等（图7-2）。

20世纪80年代至今是木结构建筑在国际上发展最快的时期。木材具有重量轻、强度高、美观、加工性能好等特点，自古以来就受到人们的喜爱。从实木、原木结构到胶合木结构，再到复合木结构，木结构已突破了传统概念，在建筑上已经达到可以替代钢材的程度。在欧美、日本等发达国家，木结构的大量研究与应用还促进了森林资源采伐和利用的良性循环，形成了成熟的森林管理体系。

根据结构的材料方案，现代木结构主要分为轻型木结构、重木结构以及混合结构。轻型木结构由小断面的规格木材形成超静定框架结构，多用于住宅建筑。重木结构主要采用胶合木或大断面的原木作为结构材，多用于大型公共建筑和商业建筑等。

一、木平台

木平台是连接室内与室外、可与大自然亲密接触的过渡空间，现在人们对平台空间的需求在不断扩大。木平台常位于客厅的延续空间，即露台中，也可以设置于服务性小院、浴室天井院、中庭或屋顶平台等其他各类居住场所。木平台的材质触感舒服，夏天可以光着脚在上面行走，冬天也可以穿着袜子或拖鞋在上面走动。

1. 木平台的选材

因为在室外易受曝晒或暴雨的侵蚀，木质材料的选材应该具有防腐性、寿命长、无毒害等特征。选材一般选用密度较小的松木、杉木类针叶材，这类选材纤维疏松，

(a) 应县木塔

(b) 洪塘镇保国寺

图7-2　木结构建筑

图7-3　樟子松木

图7-4　庭院平台

有利于防腐剂的渗透，并且具有良好的加工性能，纹理美观、光滑，生产出来的防腐木外形美观且具有良好的物理性能，适用于各种户外景观设施。

常用的防腐木材有樟子松、北欧赤松等。

(1) 樟子松。樟子松也称俄罗斯赤松，一般产于俄罗斯和我国东北地区，树质细，纹理直，木质颜色偏黄，纹理清晰明朗，外观简洁，这种木材稍耐腐，比较容易进行防腐处理。樟子松近似红松，可替代红松使用 (图 7-3)。

俄罗斯樟子松能直接采用高压渗透法做全断面防腐处理，其良好的力学表现及美丽的纹理深受设计师及工程师的喜爱。俄罗斯樟子松防腐木在市面上使用最多，用途也相当广泛。经过处理后的樟子松防腐木用途多样，用于多种户外景观与结构建筑，如木栈道、庭院平台、水榭回廊、花架围篱、步道码头、儿童游戏区、花台、垃圾箱、户外家具以及室内外结构等项目 (图 7-4)。

(2) 北欧赤松。北欧赤松一般被称为芬兰木，产地一般为芬兰和德国。芬兰地处高纬度地区，气候寒冷，树木生长周期长，生长速度慢，所以芬兰木防腐木相比其他木材有很多优势，纹理清晰，表面色泽天然，密度和稳定性都比较好 (图 7-5)。

芬兰木用于室内装修，在线条上要比一般的木材更加流畅、自然，有质感，能够使整个室内空间呈现素雅、清净、古朴的装修风格，给人一种自然、原始的气息。

芬兰木防腐木也可以用于户外景观建造，如木结构建筑、防腐木地板、防腐木凉亭、木结构廊架等，也可以作为户外家具的基础材料用于制作户外桌椅、秋千椅、公园椅等，还可以经过深加工处理制作炭化木、刻纹木、桑拿板、木墙板等产品 (图 7-6)。

2. 木平台的特点

(1) 延续空间。协调室内外客厅的地面为木地板时，将室外的木平台作为室内的延续空间设计就不会产生不协调感。木平台空间作为半室外空间，可提供室内无法体会到的新的生活方式。

(2) 触感良好。木材本身有适度的弹性和柔软度，人摔倒时不会严重受伤，

几个世纪以来，木质坚硬、纹理匀称的北欧木材是许多行业首选的木材，被喻为"北欧的绿色之钻"。

图 7-5　芬兰木　　　　　　　　　　　图 7-6　户外景观建造

154

木平台材料防腐制作

防腐方法有涂抹方式和加压注入方式。

涂抹方式需要隔几年重新涂抹，但木平台内侧、骨架部分较难涂抹，如果未能采取连续防腐措施，木材就会被腐蚀。

加压注入法是将防腐剂、防虫药剂及铵盐等浸润到木材中，防止腐朽菌、白蚁、蟪虫侵入。白蚁通常从柱子中心部位开始侵蚀，很难从外观发现，因此，防腐剂注入材料木芯的位置达到何种程度是防腐处理的关键。加压注入法在施工之后可不必再涂抹防腐剂，比较令人放心。近几年这种防腐方式使用较多。

是让人放心、安全的材质。另外，木材触感自然，不会像金属那样有明显的热或凉的感觉，让人感觉很柔和。

(3) 隔热、吸音。在炎热的夏季，木头由于其传导性较差，能缓解夏日的酷暑。冬季木材由于内部的空气层而具有保温特性，让人感觉温暖。如果把木平台设置在客厅南侧，可以缓和夏日太阳光线在室内的反射。这是木平台使用频率越来越高的一个重要因素。另外，木平台材料还有一定的吸音效果，不会让人留意到步行者的脚步声。

3. 木平台的施工制作方法

(1) 原料与工具。准备原材料、锯子、木油、螺丝钉、钉枪等。

(2) 将木材进行防腐处理后放置。将木材防腐剂注入到木材内，经过一段时间的固化稳定，使防腐剂与木材纤维素、半纤维素、木质素有效地反应结合，达到抗流失分解的目的，使木材结构组织能够抵御各种有害因素的侵蚀（图7-7）。

图 7-7　材料防腐处理

图 7-8　材料铺装

图 7-9　木平台设计成品

（3）搭建木龙骨，开始进行材料铺装（图 7-8）。

（4）进行收尾处理，采取抛光打磨、补木油等措施，做装饰处理。

舒适的户外空间不仅要保证私密性，还应配备一些能让人放松的家具类设施，并栽植植物、安装扶手。木平台周边设置座椅、扶手后就变成了户外客厅，容易让人亲近，能为家人留下许多美好的回忆（图 7-9）。

二、枕木的应用

近几年，枕木在入口通道、花坛的挡墙中得以广泛应用。最初只是将轨道中使用过的废旧枕木用于户外环境设计中，而现在，从海外进口或者将新木材特意加工成枕木尺寸使用的案例逐渐增多（图 7-10）。

1. 枕木的特点

截面面积较大的枕木因有一定的重量而能牢固地挡住泥土、树木、花草等，同时它也有很强烈的亲和力。另外，在实际

木平台设计的注意事项

小／贴／士

（1）地面板材与板材之间的缝隙建议为 5 mm 左右。雨水可顺缝隙流走，清扫时，灰尘也能落入缝隙内。如果仅留出 3 mm，较长的木平台材料稍微弯曲就会将缝隙堵塞。

（2）木平台地板材的铺装最好不要采用齐缝方式，而应采取错缝方式，这样就不会让板材的变化过于醒目。木平台以赤脚也能行走为前提，钉子头应钉入木头内并用木栓封口。

（3）端头的处理方式以能看到地板龙骨的居多，但是也有从风雨侵蚀及美观的角度考虑，在龙骨平台周围固定上挡板。

（4）木平台与绿化相结合。在木平台的端部栽植树木形成植物墙，用木栅栏围合，装饰上吊篮，栅栏一侧与微型厨房配套安置，就变成备用的聚会空间。

应用中，这种有厚重感的枕木用于花坛的挡墙，在构造上能起到支撑作用。此外，枕木由于长度较长（通常为 2.1 m）而备受施工工程方面的青睐。

枕木用作台阶时，可在台阶踏面的局部部位栽植草本花卉进行遮盖，打造出如在花田中散步的柔美门庭。

2. 生活中利用枕木的案例

（1）用于花坛的护土及收边。

为保证花坛排水良好，园艺用土壤在填埋时中间要比四周高出 200 mm 左右。从色彩、材料质感、施工性能等角度考虑，枕木都是用于花坛挡墙收边的最佳材料（图 7-11）。

（2）用枕木护土。

当原有地块存在已建成的堆石挡土墙时，在距堆石挡土墙内侧 500 mm 左右的位置，通常无法栽植植物。此时，在堆石挡土墙顶部用枕木护土，使其变成花坛后，再栽植垂型藤本植物，这不仅使堆石墙体

图 7-10　户外枕木景观

图 7-11　枕木花坛

实现了垂直绿化，也美化了街道景观（图7-12）。

（3）用于台阶、踏步。

混凝土、砖、瓷砖等台阶都给人坚硬感，枕木台阶则能散发出天然木材特有的柔和氛围，即便是门庭的台阶，也能营造成庭院似的空间，也有踏面和踏步都使用枕木的案例。与混凝土、砖、瓷砖相比，枕木施工快捷也是其优势之一（图7-13、图7-14）。

三、木栅栏

栅栏是区分道路、居住用地、邻接用地的分隔构件。使用金属制品作为分隔构件在形状制作方面会有一定的难度，采用统一样式又会给人冰冷的印象，而木栅栏在视觉上给人一种亲近自然的舒适感。木材的加工方式与样式更多，因而得到广泛使用。在生活中，我们一般使用防腐的木栅栏，使用年限更长，外观也更亮丽。

1. 防腐木栅栏的选材

防腐木栅栏是将材料经过特殊防腐处理，使其具有防腐烂、防白蚁、防真菌的作用，专门用于户外环境的露天木地板。防腐木栅栏可以直接用于与水体、土壤接触的环境中，是户外木地板、园林景观地板、户外木平台、露台地板、户外木栈道及其他室外防腐木凉棚的首选材料。

防腐木栅栏采用天然优质木材，如樟子松、南方松、花旗松、樱桃木、柳桉木、等，经过高温烘焙、除虫、防腐、定型等各种处理后加工成型，再用高分子漆喷涂，形成可靠的防护层。防腐木栅栏在户外持久耐用，不易变形、破裂、腐烂或虫蛀，正常情况下使用期为3~6年。

2. 木栅栏的设计制作要点

（1）顶部的设计方法。木栅栏或金属网栅栏使用木材支柱时，柱子横断面的切口应收得完美一些，这在审美设计和防腐方面都十分重要。欧式方案会加强栏杆柱头压顶的装饰设计，用摆置花盆来装饰柱

图 7-13　枕木台阶

图 7-12　枕木护土

图 7-14　枕木踏步

157

头压顶的方法也很流行。这与日式设计中为强调贯通的水平线而使用横木的方法具有相同的作用(图7-15)。

(2)主体的制作方法。木材的拼接方式和涂抹材料的色彩不同,木栅栏给人的印象也会大相径庭。木栅栏的制作方法应从建筑的协调性及整体设计理念作出判断。

近几年,欧式风格的建筑物逐渐增多,横向排列方式占主流地位,这些方案多采取强调水平线的简洁设计,中间留出20cm左右的空隙,空隙之间可以透过光和风,这对建筑而言也是必不可少的设计要点(图7-16)。

(3)根部的设计方法。在栅栏的根部

种上草本花卉可以隐藏挡土墙的顶部或者栅栏底部的水平线,能营造出柔美的氛围(图7-17)。

4.木栅栏的特征

木栅栏可结合各种情况制作加工,与植物也很搭配。因为木栅栏给人柔和的感觉,所以很少会给邻居带来压迫感。木栅栏上再以吊兰等花卉装饰,将成为不错的景观场所(图7-18)。

(1)环保。与乙烯和铝材相比,木材是最好的天然材料,用于制作木栅栏,可以在不破坏环境的前提下进行设计。

(2)易于安装。与其他材料相比,如乙烯基和熟铁,木栅栏非常容易安装,所需要的长度容易确定。乙烯树脂和金属是

图7-15 栅栏顶部装饰

图7-17 根部装饰

图7-16 白色栅栏

图7-18 庭院装饰

仿制的，高度不易调整。

(3) 审美情趣。水泥钢筋混凝土给人冷冰冰的感觉，木栅栏可以调节这种视觉感受，突出温馨的氛围。其美学可以通过多种方式实现，包括染色、雕刻和绘画。设计师还可以选择户主喜欢的颜色和色调进行设计。此外，定期粉刷可以改变栅栏的外观，防止栅栏破旧和磨损。

(4) 经济性。木栅栏的成本比其他金属类的防护材料低得多。当木栅栏出现破损时，只用修理或更换部分木柱、木板，而栅栏整体不受影响。

(5) 运用广泛。木栅栏设计包括台面、格子、法国哥特式、间隔板和围场等各种形式，可以用木头柱子配备太阳能灯在夜间提供装饰照明。

5. 各式各样的木栅栏设计

设计师根据设计的意图并结合建筑和环境，能设计出各种木栅栏。

(1) 在已有木栅栏的中央部位用横向的铁制构件作固定，成本极低，且施工方便。木栅栏的木质印象柔化外观形象，铁制构件起到加固和点缀的作用，使其自然地融入庭院的植物之中 (图 7-19)。

(2) 在居住用地的边界部位搭配栽植植物，或在木栅栏上装饰栽有季节性草本花卉的吊兰，可为街区景观增添不少色彩。

(3) 将纵向木板的长度逐步加高，设计成波浪状的木栅栏，顶端的边缘轮廓形成渐变的曲线。如果横向骨架使用弯曲的钢板，则在平面上也能设计成自由的曲线形状。这种设计与英式庭院风格较相似。

(4) 在稳固的骨架上插入纵向板材的木栅栏。这种设计使栅栏前后的植物景色融为一体。由于没有通风的缝隙，故需要使用强度较高的骨架结构 (图 7-20)。

第二节
金属材料

金属材料与人类文明的发展和社会的进步有密切联系。继石器时代之后出现的铜器时代、铁器时代，均以金属材料的应用为时代的显著标志。而在现代，种类繁多的金属材料已成为人类社会发展的重要物质基础。

金属材料是指金属元素或以金属元素

159

图 7-19　铁栅栏与木栅栏

图 7-20　栅栏的骨架结构

为主构成的具有金属特性的材料的统称，包括纯金属、合金、金属化合物和特种金属材料等。

一、金属材料分类

1. 黑色金属

黑色金属又称钢铁材料，包括含铁量在90%以上的工业纯铁，含碳量为2%～4%的铸铁，含碳量小于2%的碳钢，以及各种用途的结构钢、不锈钢、耐热钢、高温合金、精密合金等。广义的黑色金属还包括铬、锰及其合金。

2. 有色金属

有色金属是指除铁、铬、锰以外的所有金属及其合金，通常分为轻金属、重金属、贵金属、半金属、稀有金属和稀土金属等。有色合金的强度和硬度一般比纯金属高，并且电阻大，电阻温度系数小。

3. 特种金属材料

特种金属材料包括不同用途的结构金属材料和功能金属材料。其中有通过快速冷凝工艺获得的非晶态金属材料，以及准晶、微晶、纳米晶金属材料等，还有隐身、抗氢、超导、形状记忆、耐磨、减振阻尼等特殊功能合金以及金属基复合材料等。

二、金属材料的特征

1. 优势

(1) 耐热性好，不易燃烧。相比木材与塑料材质，金属材料在阻燃上有一定的优势。

(2) 力学性能好。金属在一定温度条件下承受外力作用时，抵抗变形和断裂的能力称为金属材料的力学性能。金属材料承受的载荷有多种形式，有静态载荷和动态载荷，包括单独或同时承受的拉伸应力、压应力、弯曲应力、剪切应力、扭转应力以及摩擦、振动、冲击等等。

(3) 耐久性好，不易老化。硬度高，不容易出现破损变形。每年进行刷漆处理就可焕然一新。

(4) 不易受到损伤，不易沾染灰尘及污物。

(5) 尺寸稳定性佳。随着温度的变化，材料的体积也发生变化的现象称为热膨胀。热膨胀性与温度、热容、结合能以及熔点等物理性能有关。金属材料受热胀冷缩的影响较小。

2. 工艺性能

金属对各种加工工艺方法所表现出来的适应性称为工艺性能，主要有以下四个方面。

(1) 切削加工性能。用切削工具对金属材料进行车削、铣削、刨削、磨削等加工的难易程度。

(2) 可锻性。反映金属材料在压力加工过程中成型的难易程度。

(3) 可铸性。反映金属材料熔化浇铸成为铸件的难易程度。

(4) 可焊性。反映金属材料局部快速加热，使结合部位迅速熔化或半熔化，从而使结合部位牢固地结合在一起而成为整体的难易程度。

三、金属网栅栏的作用

金属网栅栏主要有遮挡作用、分隔作

金属网栅栏网体常见规格

金属网栅栏网体常见规格如下。

网孔：75 mm×150 mm，50 mm×50 mm。

网片：1800 mm×3000 mm。

边框：200 mm×300 mm×150 mm。

网丝浸塑：70 ~ 80 mm。

立柱尺寸：48 mm×2 mm×2200 mm。

整体弯折：30°。

弯折长度：300 mm。

立柱间距：3000 mm。

立柱预埋：250 ~ 300 mm。

预埋基础：500 mm×300 mm×300 mm，400 mm×400 mm×400 mm。

用、围合作用。

1. 遮挡作用

在空间狭窄的城市住宅中，庭院景观内会混入邻居日常的生活场景，金属网栅栏或者格架可以有效发挥庭院中规避隐私的作用，从而解决此类问题。

临街房的庭院，格架的另一侧是厕所和浴室，可以栽植缠绕性的川鄂爬山虎，不仅可避免他人看到室内景象，还利于通风（图 7-21）。

2. 分隔作用

在划分庭院功能时，金属网栅栏与格架是十分有效的设施。若住户想栽植和欣赏蔷薇类藤本植物，可以在庭院中设置一个金属网栅栏或格架式的遮挡墙，或者设置 L 形格架让蔷薇充分展露出来。格架的

一侧实际上是一道砌块墙，毫无生命力，蔷薇的出现让墙体富有活力。人们从格架的另外一侧也能欣赏到蔷薇，这是把庭院中想展露的部分有效地展现出来的成功案例（图 7-22）。

在宽阔庭院的前部，用金属网栅栏或格架另辟一个庭院空间。格架用枕木做强力骨架，在庭院内打造一个安静的过渡空间。

3. 围合作用

用格架围合的空间遮挡了外界的视线，形成一个封闭空间，人们可在此放松心情，缓解压力。透过金属网格的间隙，人们从正面能完全看到内部，但从远处看，线则变成了面，从而起到了阻隔、遮挡作用，使人能体会到围合的舒适感。

图 7-21 遮挡庭院空间

图 7-22 分隔庭院

第三节
石 质 材 料

植物与石块组合搭配时，不能破坏不同形式的石块组合所营造出来的空间感觉。对于用自然石材堆砌的挡土墙或护坡而言，为展现石材的质感，植物起到非常重要的作用。

一、景观石材

景观石材主要用于室外景观铺设，使用范围广。由于长期置于室外，故要求其价格低廉、产量大、耐磨性强，并具有一定的抗压强度。这类石材以花岗岩、板岩、砂岩、文化石、卵石类（包括雨花石）为主。大理石因其石质较好，价格较高，不宜大量用作景观石材。

1. 花岗岩类景观石材

(1) 花岗岩。花岗岩质地坚硬，耐磨损，化学性质稳定，不易风化，外观色泽可保持百年以上，能耐酸、碱及腐蚀气体的侵蚀，且吸水性极小。花岗岩颜色较浅，以灰白、肉红色常见，多数只有彩色斑点，还有的是纯色，花色一般较均匀，可拼性

强，因此大面积铺装不会影响整体性（图7-23）。

(2) 锈石。锈石属于花岗岩的一种，可用作磨光板、火烧板、薄板、台面板、环境石、地铺石、墙壁石。锈石具有成色效果好、价格低廉等优势，作景观石材时，常作荔枝面和火烧面石材（图7-24）。

(3) 芝麻黑。芝麻黑是世界上著名的花岗岩种类之一，大量出口国外，是国外景观石材的主要选择对象，可作为广场环境工程装饰路沿石、庭院石材等建筑装饰材料。芝麻黑花岗岩特点是成色单一，装饰整体效果好（图7-25、图7-26）。

2. 砂岩类景观石材

砂岩因其颗粒性、结构疏松的特点，吸水率较高，不能磨光，属亚光型石材，一般显露自然形态，质感丰富。不过砂岩抗击外力能力较差，因此在防护时造价较高。砂岩颜色单一，单色或呈现出木纹色，常见有黄色、红色、绿色、白色和木纹色砂岩等。

(1) 澳洲砂岩。澳洲砂岩是一种生态环保石材，其产品具有无污染、无辐射、无反光、不风化、不变色、吸热、保温、

图 7-23　灰白色花岗岩

图 7-25　芝麻黑花岗岩

图 7-24　荔枝面

图 7-26　环境装饰路沿石

防滑等特点 (图 7-27、图 7-28)。

(2) 四川砂岩。四川砂岩价格比澳洲砂岩便宜，但四川砂岩的纹路没有澳洲砂岩细腻多样，常见的有四川白砂岩、四川黄砂岩 (图 7-29、图 7-30)。

3. 其他常用景观石材

(1) 英石。英石色呈青灰、黑灰等，常夹有白色方解石条纹，产自广东英德一带。因山水溶蚀风化，形成嶙峋褶皱之状，常见窥孔石眼 (图 7-31)。

(2) 斧劈石。斧劈石属沉积岩，颜色有浅灰色、深灰色、黑色、土黄色等，产自江苏常州一带。斧劈石具有竖线条的丝状、条状、片状纹理，又称剑石，外

图 7-27　澳洲砂岩

图 7-28　墙面装饰

图 7-29 四川白砂岩

图 7-31 英石

图 7-30 四川黄砂岩

图 7-32 斧劈石

形挺拔有力，但易风化剥落（图 7-32）。

（3）石笋石。石笋石为竹叶状灰岩，色呈淡灰绿色、土红色，带有眼窠状凹陷，产地在浙江常山和江西玉山一带。石笋石往往三面风化，背面有人工刀斧痕迹，其形状越长越好看（图 7-33）。

（4）千层石沉积岩。千层石沉积岩的颜色为铁灰色中带有层层浅灰色，变化自然多姿，产自江、浙、皖一带。沉积岩有多种类型和色彩（图 7-34）。

二、石材铺装

在铺装材料中，富有自然气息的石材备受青睐，应用的案例也很多，比如室内地板铺装、庭院装饰步道。石材的色调和质感种类繁多，绿化设计时应衬托出石材的这种特点。从材质考虑，石材铺装可以选择花岗岩或砂岩，铺装方式有网格交错铺装、砖错缝铺装、机切面铺装、水纹铺装等。石材铺装不建议做全面铺装，而应结合纹理在局部栽植植物，或者铺上马蹄石、鹅卵石作点缀（图 7-35、图 7-36）。

1. 石材地面铺装要求

（1）在施工前对铺装设计再次优化，使图纸更加精确。

（2）下料时核对石材编号，铺装前实地预铺。

（3）石材切割使用水刀，以减少尺寸的误差，保证石材缝隙对缝整齐，缝宽均匀美观。

图 7-33　石笋石景观

图 7-35　大理石地砖

165

图 7-34　千层石景观

图 7-36　庭院步道

(4) 不规则的石材无法统一加工，现场按 1 ∶ 1 取模进行加工，以保证整体协调（图 7-37）。

(5) 路面石材铺装完成后用混凝土路面切缝机沿石材缝隙竖直切割，确保缝隙均匀竖直（图 7-38）。

2. 石材立面铺装要求

(1) 立面板铺装材料与压顶、线条有对应关系时，接缝地方应对齐，接缝数量应一致，或压顶缝数量为偶数，不应出现无关联错缝。

(2) 在采用密缝铺装时，缝隙宽度为

石材铺装时，基层要处理干净，石材必须浸水阴干，以免影响其凝结硬化，发生空鼓、翘起等问题。

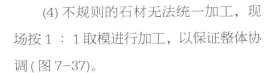

图 7-37　不规则石材

图 7-38　竖直切割

2 mm，接缝高低差为 0.5 mm，表面平整、洁净，平整度为 2 mm。

(3) 留缝铺装时，标准同地面铺装。

(4) 石材转角应留海棠角，相邻的石材厚度一致。当采用平板海棠角时，石材拼角每边宜为 5 mm。当采用自然面海棠角时，石材拼角两边宜为 10 mm。

(5) 自然面石材厚度为 250 mm 时，可采用层叠转角处理。

(6) 对有凸出线条的海棠角转角石材，必须对称 45° 角切割，严禁单边切割。

(7) 乱形铺设转角时，两边石材缝隙必须满足乱形缝的连续性。

(8) 设计乱拼缝时，应避免出现水平或垂直贯通缝。

第四节　案例分析
——合理应用绿化材料

一、多功能庭院

庭院是家庭核心精神的体现，反映房屋主人对生活的热爱以及对美好环境的追求与向往。庭院是指建筑物的前后左右或被建筑物包围的场地。

庭院作为室外空间的厅堂，可以供人自由地阅读、玩耍、嬉戏，同时还可以满足一家人对生活的要求。庭院内可以根据房屋主人自身的需求及生活习惯放置各具特色的室外设施。

1. 休闲庭院

长期的快节奏都市生活让我们身心疲惫，因而需要一定的休息和放松。家庭休闲庭院为我们提供了合适的休憩场所（图7-39）。

2. 庭院式菜园

城市的环境污染日益严重，食品健康问题也随之而来，庭院作为家庭的后花园正好充当了菜园的角色。各种应季的瓜果蔬菜适当地点缀庭院，兼具观赏性与实用性（图7-40）。

3. 别墅泳池

随着城市的发展，别墅泳池受到更多住户的欢迎，其设计也受到更多人的关注。别墅泳池设计多在家庭小院中或者在城市的边缘处（图7-41）。

作为住宅市场细分出来的一种产品类型，别墅满足了人们对高品质生活的追求。与其他类型的住宅相比，别墅特点在于提

图7-39　休闲庭院设计

图7-40　庭院式菜园

供个性化的生活方式、高品质的环境要求、完全私有的庭院空间。环境绿化水平已成为评价别墅优劣的重要标志之一。

二、用铁艺营造特色景观

钢铁总是给人一种冷冰冰的感觉，在庭院设计上，用绿植、木制材料与铁艺进行组合设计，能够很好地掩盖这种冰冷的视觉感受。在与邻居相邻的一侧用铁艺栅栏进行分隔，种植藤蔓植物覆盖整个栅栏，能保证私密性，视觉上更加轻松，藤蔓、枝叶随风飘扬也成为庭院的一抹景色。(图7-42)。

图 7-41　别墅泳池设计

图 7-42　铁艺栅栏

小 / 贴 / 士

设计家庭菜园的注意事项

1. 改良土壤

土壤是蔬菜生长必不可少的条件之一。良好的土壤条件指土壤的透气性和渗水功能都较好。新建住宅用地大都需要改良土壤。家庭菜园用的场地，地面应下挖 200 mm，周边用枕木收边。其间填埋风化花岗岩土、堆积肥、组合肥料以及有机石灰等混合土壤。每亩填土厚度为 200 mm。以后每年在栽植种苗或播种前两周都应做一次土壤改良。

2. 建立菜园种植规划

家庭菜园尺寸的宽度为 600 ～ 900 mm，面积一般为 10 m^2 左右。家庭菜园以能劳作为标准，多品种少量混植，与收获时期相结合，再混合栽植一些草本花卉等。搭配种植规划也要考虑立体美观效果。香草类、葱、韭菜等有气味的植物，多数害虫都不喜欢，因此，菜园周边最好用薰衣草类植物作收边处理。

3. 贮藏设计和给排水设施不可忽略

家庭菜园中有很多肥料、腐叶土、工具等相关用具和备品。这些物品散乱地堆放在住宅建筑周边不仅影响美观，也不利于卫生。除浇水外，劳作之后洗手用的给排水设施也必不可少。

4. 共生植物与天敌植物

不同种类的植物混合种植可通过发挥各自的特性来减少病虫害的发生，促进相互生长，这种品性相投的组合称为共生植物。天敌植物是能吸引害虫的植物，利用它们可保护周围蔬菜类植物的生长。这是控制使用农药、利于蔬菜健康生长的有效手段。

思考与练习

1. 常用的木质材料有哪些？

2. 防腐木的特点是什么？

3. 木质材料在施工制作中需要注意什么？

4. 石材在设计中的优势是什么？

5. 栅栏在庭院设计中的主要作用是什么？

6. 金属材料最本质的特征是什么？请举例说明。

7. 在设计中常用的铁艺设计有哪些？有什么作用？

8. 请分析木质栅栏与铁艺栅栏的优点与缺点。

9. 请结合校园的某处景观，分析其在材料上的选择与应用。

10. 请从设计的角度谈谈对"设计来源于生活，同时又回归生活"这句话的理解。

参考文献
References

[1] 增田史男，水内真理子，大原纪子. 户外环境绿化设计 [M]. 金华，译. 北京：中国建筑工业出版社，2013.

[2] 陈根. 环境艺术设计看这本就够了 [M]. 北京：化学工业出版社，2017.

[3] 刘伟平，张玲，魏朝俊. 环境绿化设计 [M]. 北京：中国民族摄影艺术出版社，2013.

[4] 王希亮. 现代园林绿化设计、施工与养护 [M]. 北京：中国建筑工业出版社，2007.

[5] 马月萍，董光勇. 屋顶绿化设计与建造 [M].2 版. 北京：机械工业出版社，2011.

[6] 梅显才，梅涵一. 城市园林绿化规划设计 [M]. 郑州：黄河水利出版社，2013.

[7] 斯塔克，西蒙兹. 景观设计学 [M]. 朱强，俞孔坚，郭兰，等，译. 北京：中国建筑工业出版社，2014.

[8] 李继业，侯作存，鞠达青. 城市道路绿化规划与设计手册 [M]. 北京：化学工业出版社，2014.

[9] 徐峰. 建筑环境立体绿化技术 [M]. 北京：化学工业出版社，2014.

[10] 苏雪痕. 植物景观规划设计 [M]. 北京：中国林业出版社，2012.

[11] 赵艳岭. 城市公园植物景观设计 [M]. 北京：化学工业出版社，2011.

[12] 理想·宅. 园林植物与绿化 [M]. 福州：福建科学技术出版社，2014.